Augustine S. Akenbor
Pius C. Ike

Efektywność techniczna hodowli ryb

Augustine S. Akenbor
Pius C. Ike

Efektywność techniczna hodowli ryb

Nigeria

Wydawnictwo Bezkresy Wiedzy

Cover image: www.ingimage.com

This book is a translation from the original published under ISBN 978-613-9-96252-5.

Publisher:
Wydawnictwo Bezkresy Wiedzy
is a trademark of
Dodo Books Indian Ocean Ltd., member of the OmniScriptum S.R.L Publishing group
str. A.Russo 15, of. 61, Chisinau-2068, Republic of Moldova Europe
Printed at: see last page
ISBN: 978-620-0-54740-8

DYDYKACJA

Praca ta jest poświęcona Bogu Wszechmogącemu, który stoi za całym naszym sukcesem w życiu.

Spis treści

PREFACE

Obawiając się o niewystarczające spożycie białka zwierzęcego na świecie, zwłaszcza w krajach rozwijających się, postanowiliśmy przeprowadzić to badanie, aby przyczynić się do działań rządu państwa Edo mających na celu zapewnienie dostępności tego białka dla obywateli zgodnie z normą Organizacji Narodów Zjednoczonych ds. Wyżywienia i Rolnictwa (UNFAO) poprzez hodowlę sumów.

W tej książce staramy się stosować teorie efektywności, które są istotne dla produkcji rolnej. Książka ta jest szczególnie wyjątkowa w swojej zdolności do rzeczywistego połączenia pomysłów różnych autorów/badaczy, aby stworzyć spójną myśl.

Celem tej książki jest wyposażenie uczniów i innych użytkowników w podstawy efektywności wykorzystania zasobów i ich zastosowania w sytuacjach życiowych, zwłaszcza w procesie produkcji. Dlatego też studenci i absolwenci, a także osoby zainteresowane wyjaśnieniem efektywności nakładów wykorzystywanych w produkcji bez wątpienia uznają tę książkę za przydatną. Badacze ekonomiczni, rolnicy, decydenci polityczni i ekonomiści rozwoju również otrzymają informacje, które są dla nich istotne.

W rzeczywistości pisząc tę książkę staraliśmy się unikać błędów na ile to było możliwe. W związku z tym szczerze oczekujemy, że nasi czytelnicy zwrócą naszą uwagę na wszelkie błędy wykryte w procesie czytania. Każdy zauważony błąd zostanie poprawiony w kolejnym wydaniu.

DZIĘKUJĘ TOBIE

AKENBOR,

A.S. IKE, P.C.

ROZDZIAŁ 1

WPROWADZENIE

KONCEPCJE EFEKTYWNOŚCI TECHNICZNEJ I HODOWLI RYB

Wydajność techniczna

Wydajność techniczna jest w zasadzie zależnością pomiędzy wejściem i wyjściem a produktem. Ujmując to w innej formie, sprawność techniczna to stosunek wydajności wyjściowej do wejściowej. Jest to skuteczność, z jaką produkt wyjściowy lub produkt jest wytwarzany przy użyciu danego zestawu wkładów. Uważa się, że gospodarstwo rolne lub firma są rzeczywiście technicznie wydajne, gdy wytwarzają one produkcję na poziomie maksymalnym z wykorzystaniem minimalnej ilości zasobów, takich jak ziemia, siła robocza, kapitał i zarządzanie. Jego główną troską jest w istocie efektywne wykorzystanie czynników produkcji w celu osiągnięcia pożądanej produkcji w procesie produkcji. Na przykład, producent roślin uprawnych lub zwierząt gospodarskich, który chce rozpocząć produkcję, ma zwykle określony cel dotyczący tego, co ma produkować, określony przy użyciu dostępnych środków produkcji, takich jak ziemia, nawóz, chemikalia, siła robocza, nasiona i sadzonki, narzędzia rolnicze, pasza dla zwierząt, środki zapobiegawcze i lecznicze itp. Środki te zostaną wykorzystane do produkcji wyrobów gotowych, takich jak bulwy ignamu, ryż, kukurydza, pszenica, cowpea, włókno i nasiona bawełny, ziarna kakaowe, lateks gumowy, mięso, sum, mleko, wełna, jaja, skóry i skórki itp. w okresie produkcji. Okres produkcji jest uważany za okres czasu wymagany do przekształcenia nakładów w produkcję globalną. Należy zauważyć, że stosowanie różnych kombinacji nakładów zwykle prowadzi do uzyskania różnych wielkości produkcji. W związku z tym dla producenta najważniejsze staje się zastosowanie kombinacji czynników produkcji o najniższym koszcie, która pozwoli na uzyskanie pożądanej produkcji. To jest miejsce sprawności technicznej. Pomaga w obniżeniu kosztów produkcji przy jednoczesnym osiągnięciu pożądanej produkcji, a tym samym przyczynia się do maksymalizacji zysku.

Według Phiriego i Yuana (2018) oraz Fare'a, Grosskopfa i Lovella (1985), wydajność techniczna jest głównym składnikiem produktywności i jest miarą wydajności gospodarstwa.

Xu i Jeffery zdefiniowały sprawność techniczną jako osiągnięcie maksymalnej wydajności potencjalnej z danej ilości wejściowej w ramach danej technologii. Zdefiniowali oni nieefektywność techniczną jako proces produkcyjny, który wykorzystuje więcej fizycznych nakładów niż alternatywna metoda w produkcji jednostki produkcji.

W rzeczywistości efektywność techniczna wskazuje, czy gospodarstwo wykorzystuje najlepszą dostępną technologię, czy też nie. Wydajność techniczna faktycznie odzwierciedla zdolność gospodarstwa do uzyskania maksymalnego plonu w postaci produkcji z danego zestawu środków produkcji. Należy zauważyć, że technicznie wydajne jednostki gospodarskie działają na granicy produkcji, podczas gdy technicznie niewydajne jednostki gospodarskie działają poniżej granicy. Nieefektywne technicznie jednostki gospodarskie mogą jednak osiągnąć optymalną wydajność albo poprzez zastosowanie mniejszego nakładu środków do wyprodukowania tej samej produkcji, albo poprzez zwiększenie produkcji przy użyciu tego samego pakietu środków. Im bliżej granicy znajduje się jednostka rolnicza, tym bardziej staje się ona technicznie efektywna pod względem wydajności. Należy podkreślić, że choć system odpowiednio wykorzystuje wszystkie wymagane środki produkcji, istnieje wiele czynników, które mogą potencjalnie powodować nieefektywność produkcji rolnej, w tym hodowli ryb. Na przykład poziom wykształcenia rolnika wpływa na jego zdolność do efektywnej alokacji kosztów środków produkcji. Ponadto wiek rolnika, doświadczenie zdobyte na przestrzeni lat, a także dostęp do informacji technicznych poprzez szkolenia i komunikację z pracownikami zajmującymi się rozbudową to w rzeczywistości niektóre z kluczowych czynników, które mogą wpływać na efektywność techniczną jednostki gospodarstwa poprzez właściwy przydział środków produkcji i zdolność do stosowania wiedzy technicznej.

Wydajność alokacyjna

Efektywność Alokacyjna (AE) odnosi się do optymalnej alokacji zasobów dla danych cen czynników produkcji. Jest to możliwość wyboru optymalnego poziomu wejściowego dla danych cen czynników produkcji. Jest to stosunek między całkowitym kosztem wytworzenia jednej jednostki produkcji poprzez zastosowanie rzeczywistych proporcji czynników produkcji w sposób, który jest technicznie efektywny, a całkowitym kosztem wytworzenia jednej jednostki produkcji poprzez zastosowanie optymalnych proporcji czynników produkcji w sposób, który jest technicznie efektywny. Należy również zauważyć, że gospodarstwo wykorzystujące technicznie efektywną kombinację zasobów może w rzeczywistości nie produkować optymalnie, ponieważ zależy to od dominujących cen czynników produkcji. W związku z tym efektywny poziom alokacji produkcji rolnej jest punktem, w którym rolnik prowadzi działalność przy najmniej kosztownej kombinacji. Co więcej, efektywność alokacji ma miejsce wtedy, gdy nie jest już możliwa lepsza reorganizacja produkcji, a raczej większa reorganizacja procesu pogorszy produkcję.

Efektywność ekonomiczna

Efektywność ekonomiczna (EE), odnosi się do ogólnej efektywności, to znaczy jest iloczynem efektywności technicznej i alokacyjnej. Jest to połączenie efektywności zarówno technicznej, jak i alokacyjnej. Efektywność ekonomiczna to efektywność techniczna wyrażona w wartości pieniężnej poprzez ustalanie dla niej cen. Ponownie, efektywność ekonomiczna jest stosunkiem wartości produkcji do wartości nakładów i w rzeczywistości przeszkadza w maksymalizacji zysku na jednostkę nakładów użytych w procesie produkcji. Efektywność ekonomiczna jest uważana za sytuację, w której każdy czynnik produkcji jest optymalnie przydzielony w taki sposób, aby każda osoba była obsługiwana w najlepszy możliwy sposób, a także aby zminimalizować straty i nieefektywność w procesie produkcji. Mówiąc wprost, efektywność ekonomiczna jest wtedy, gdy produkcja towarów i usług odbywa się po najniższych kosztach. Gdy tylko problemy związane z nieefektywnością techniczną zostaną wyeliminowane, wybór pomiędzy zestawem technicznie efektywnych alternatywnych metod produkcji rolnej, a efektywnością alokacji, staje się możliwy. Bez wątpienia efektywność ekonomiczna w dużym stopniu przyczynia się do wydajności nakładów wykorzystywanych w procesie produkcji. Należy pamiętać, że gdy istnieje równowaga pomiędzy stratami i korzyściami w trakcie produkcji, jest to oznaka efektywności ekonomicznej. Wydajność wejściowa odnosi się do wydajności, z jaką używane wejścia są przekształcane na wyjścia. Produktywność wyraźnie pokazuje związek pomiędzy produkcją a nakładami w każdym procesie produkcyjnym. Na przykład wydajność gospodarstwa pomidorów w Nigerii wynosi 2500 kg i 3500 kg na hektar, palmy olejowej 13800 kg na hektar, a ananasów 30 ton na hektar. Wydajność hodowli ryb zależy od rodzaju produkowanych ryb; stopnia zarybiania, a także przyjętego systemu hodowli, czyli monokultury lub polikultury. Ogólnie rzecz biorąc, wydajność wykorzystywanych nakładów może się różnić w poszczególnych krajach w zależności od poziomu technologicznego i zaawansowania. Czynniki wpływające na produktywność ziemi i wydajność pracy zostaną omówione później.

Potrzeba wydajności w produkcji rolnej

Bez wątpienia wydajność każdego procesu produkcyjnego ma zasadnicze znaczenie dla producentów, pracowników w szczególności i całego kraju.

Po pierwsze, ze strony producentów lub organizacji, wydajni pracownicy wymagaliby niewielkiego lub żadnego nadzoru, aby skutecznie wykonywać swoje funkcje. Ponadto wydajni pracownicy zapewniliby właściwe wykorzystanie nakładów do produkcji towarów i usług o wysokiej jakości w dużych ilościach. Zmniejszają one odpady i koszty produkcji, ale zwiększają zysk. Gospodarstwa rybne i inne organizacje potrzebują zysku, aby były rentowne, dlatego nie można przecenić miejsca efektywności produkcji rolnej.

Po drugie, po stronie pracowników, ich wydajność jest wysoka, co wynika z ich wysokiej wydajności. Doprowadzi to do dobrych warunków pracy, takich jak wysokie płace, premie, odpoczynek i rekreacja pracowników. Te dobre warunki pracy pomogą pracownikom uzyskać lepszy standard życia niż te o niskiej wydajności.

Po trzecie, wysoka wydajność pracowników zwiększa produkcję towarów i usług w danym kraju przy niższych kosztach. Zasadniczo przyczyni się to do zwiększenia wymiany handlowej na rynkach krajowych i zagranicznych oraz wywrze efekt mnożnikowy na gospodarkę kraju. Na przykład, wysoka wydajność pracowników powoduje wzrost dochodów, całkowitej produkcji, jak również zatrudnienia. Wszystkie te działania będą działać wspólnie na rzecz zwiększenia krajowego wzrostu gospodarczego.

Koncepcja hodowli ryb

Hodowla ryb jest terminem często używanym przez producentów sumów w Ameryce. Odnosi się ona do praktyki uprawy, hodowli lub wytwarzania produktów w zbiornikach wodnych lub w systemie gospodarki wodnej. Wiąże się to z praktyką hodowlaną polegającą na hodowaniu ryb, która jest stosowana w Chinach co najmniej 4000 lat temu. W Stanach Zjednoczonych Ameryki hodowla ryb miała swoje korzenie jako narzędzie w wysiłkach rządu mających na celu odbudowę uszczuplonych zasobów migrujących ryb, takich jak cień. Pierwszym brytyjskim terminem stosowanym w hodowli ryb była kultura Pisi (Meade 1989).

Według Ayodele i Fregene, (2003), hodowla ryb jest w rzeczywistości w praktyce od momentu rozpoczęcia cywilizacji w Egipcie i Chinach. Zaczęło się w Nigerii w 1944 r. jako hobby rekreacyjne emigranckich oficerów rybołówstwa, a główna eksperymentalna farma rybna znajdowała się w Panyam, niedaleko Jos, w stanie Plateau i została zbudowana w 1952 r. przez K. K. Zwillingsa.

Hodowla ryb lub akwakultura to hodowla ryb i innych organizmów wodnych w stawach, klatkach stworzonych przez człowieka lub często ogrodzeniach w wodach jeziornych i przybrzeżnych. Z drugiej strony, rybołówstwo dotyczy rodzaju jednolitej części wód, takiej jak rzeki, jeziora, laguny, oceany, gdzie połowy prowadzone są przy użyciu różnych rodzajów narzędzi lub metod połowowych Omoruyi *et al* (2007).

Akwakulturę określa się jako hodowlę organizmów wodnych w zamkniętym zbiorniku wodnym, takim jak stawy betonowe, stawy ziemne, tamy, akwaria, zagrody i drogi wodne. Jest to zwykle praktykowane w pomieszczeniach do hodowli ryb, które są zbudowane do hodowli ryb. Pomieszczenia te mogą być sztuczne jak w stawie lub naturalne. Kiedy praktykuje się ją w słonowodnym ciele, nazywa się to marikulturą. Niezależnie od tego, czy akwakultura jest uprawiana w wodach słodkowodnych czy słonych, należy ograniczyć jej występowanie w środowisku naturalnym. W rzeczywistości, hodowla ryb jest w rzeczywistości stosunkowo nowym studium w rolnictwie, chociaż ma około pięćdziesięciu siedmiu lat w Nigerii (Oyin, 2004).

Akwakultura odnosi się do hodowli skorupiaków, ryb i innych zwierząt wodnych, jak również roślin wodnych w wodach słodkich lub słonych. Termin ten zastąpił dziś marikulturę, która kiedyś była używana do opisu kultury zwierząt i roślin w słonawym lub morskim środowisku wodnym. Akwakultura jest czasami utożsamiana z hodowlą wodną lub rolnictwem pod wodą. Jest to hodowla roślin i zwierząt wodnych przeznaczonych do spożycia przez ludzi (Lawson 1995).

Agbebi (2008) zdefiniował akwakulturę jako "hodowlę ryb w środowisku wodnym". Dodał, że z jego bogatym potencjałem zasobów". Jest w stanie stanąć w luce pomiędzy popytem a podażą ryb w kraju.

Zgodnie z Encyklopedią Britannica (2003) akwakultura to rozmnażanie oraz hodowla zwierząt i roślin wodnych dla celów rekreacyjnych, komercyjnych i naukowych. Jest to również produkcja na potrzeby zaopatrzenia w inne organizmy wodne w żywność i produkty przemysłowe, na potrzeby przechowywania produktów rybołówstwa sportowego, na potrzeby produkcji wodnych zwierząt przynętowych, na potrzeby połowów za opłatą, do celów ozdobnych, wykorzystywanych w przemyśle farmaceutycznym i chemicznym.

Sum bez wątpienia jest popularną świeżą rybą w Nigerii i spożywaną na całym świecie. Produkcji sumów poświęca się obecnie wiele uwagi w większości krajów świata ze względu na ich zdolność do wypełnienia luki popytowej i podażowej. Ponadto znana jest z szybkiego wzrostu, wysokiej płodności, żywienia wszystkożernego, wysokiej odporności na choroby i stosunkowo niskich kosztów produkcji (Ologbon, Idowu i Oshisanya, 2013). Zwiększenie potencjału hodowli ryb wymagałoby wysokiego poziomu efektywności technicznej.

ROZDZIAŁ II

Korzyści z hodowli ryb

Według Omoruyi et al. (2007), hodowla ryb ma następujące znaczenie: -

1. Przynosi korzyści ekonomiczne, ponieważ służy jako dobre źródło dochodów dla hodowców ryb, handlowców i innych osób, które są w taki czy inny sposób związane z sektorem rybołówstwa.
2. Stanowi podstawę pożywienia dla ryb i jest doskonałym źródłem zaopatrzenia człowieka w białko. Jest to również dobre źródło niektórych witamin rozpuszczalnych w tłuszczach oraz dobrej ilości połączonego fosforu, a także innych elementów, które są potrzebne do utrzymania zdrowego organizmu.
3. Pomaga w poprawie naturalnych zasobów rybnych w rzekach, jeziorach, wodach przybrzeżnych i zbiornikach poprzez podnoszenie palczaków (młodych ryb) w wylęgarniach, a następnie zarybianie ich.
4. Grunty nie nadające się do uprawy mogą być efektywnie wykorzystane.
5. Dzięki hodowli ryb znacznie zmniejsza się presja na połowy w naturalnych wodach, takich jak rzeki, morza i jeziora.
6. Hodowla ryb jest źródłem zatrudnienia dla ludzi. Na przykład, wielu hodowców ryb i kobiet zajmujących się handlem zarabia na życie poprzez produkcję i sprzedaż ryb i produktów otrzymywanych z ryb.
7. Produkcja ryb dla celów sportowych jest możliwa dzięki hodowli ryb.
8. Hodowla ryb pomaga w produkcji ryb ozdobnych (lub akwariowych), które mogą być wykorzystywane do celów dekoracyjnych.
9. Jest to prosty sposób na produkcję ryb przynętowych, które mogą być wykorzystywane w połowach przemysłowych.

Ze swojej strony, Anyanwu i inni (2012), przyczynili się do tego, że kultura rybna jest bardzo ważna w następujący sposób:-

1. Intensywna kultura rybna w rzeczywistości może zwiększyć dochody hodowców. Ponownie, wykorzystanie poszczególnych produktów ubocznych z ryb może sprawić, że hodowla będzie bardzo opłacalna i rentowna.
2. Ma to zasadnicze znaczenie dla zaopatrzenia w niezbędne białko ludzi żyjących na obszarach, gdzie nie produkuje się zwierząt gospodarskich. Pomaga to w dostarczeniu wystarczającej ilości mięsa, a także służy jako źródło białka dla wegetarian.
3. Stwierdzono, że intensywna hodowla ryb bardzo dobrze wpasowuje się w inne rodzaje działalności rolniczej, takie jak hodowla zwierząt gospodarskich i ogrodnictwo warzywne, ponieważ mogą one czerpać korzyści od siebie nawzajem.
4. Bez wątpienia zapewnia wysoką wydajność ryb nawet wyższą niż ta uzyskiwana z hodowli zwierząt.
5. W rzeczywistości hodowla ryb może być prowadzona przez chłopów w ich ogrodach nawet w czasie wolnym. W ten sposób mogą one łatwo uzupełnić białko pozyskane z innych źródeł.
6. Zauważono, że dzięki hodowli ryb można uniknąć zagrożenia, jakie zwykle stwarzają stojące wody w stawach, zaporach, np. t.c., poprzez utrzymanie wody w czystości i pozbycie się w niej niepotrzebnej roślinności.

Według Esobhawan (2007), hodowla ryb dostarcza organizmowi taniego i przystępnego cenowo białka zwierzęcego. Stwierdzono, że ryby mają wyższą wartość odżywczą niż inne źródła, z których można pozyskać białko zwierzęce. Dlatego też z punktu widzenia zwiększenia krajowej produkcji rybnej w Nigerii należy bez dalszej zwłoki rozwiązać problem trudności z zapewnieniem wystarczającej ilości białka zwierzęcego dla tworzącej się w tym kraju populacji.

Olomu (1995), stwierdził, że białko rybne ma wysoką wartość biologiczną (B.V) i zawiera dużą ilość aminokwasów egzogennych, które są bogate w lizynę i metioninę. Dodał, że ryby można podzielić na trzy grupy w zależności od ich zawartości tłuszczu. Po pierwsze, są to ryby białe lub chude, które zawierają mniej niż 1 procent tłuszczu, takie jak rdzawiec, dorsz, witlinek, sola, plamiak, czarniak, turbot, gładzica, molwa i nagład. Po drugie, są to ryby pośrednie, które oczywiście zawierają od 2 do 7 procent tłuszczu, takie jak morszczuk, koleń, ściółka, makrela, frouta i halibut. Po trzecie, jest to olej lub tłuszcz ryb, który zawiera od 8 do 20 procent tłuszczu i w rezultacie ma wyższą energię jedzenia. Przykładami są śledzie, sardynki, szprotki i łososie. Następnie stwierdził, że ryba jest korzystna w następujący sposób:-

1. Może być zapiekana z pomidorem, cebulą, ryżem i zieloną sałatką do pysznego posiłku.
2. Używany jest do przygotowania gulaszu, zupy pieprzowej i warzywnej, które są używane z pochrzynami, ryżem, plantanami, fasolą itp.
3. Może być stosowany do produkcji kiszonki rybnej i mączki rybnej do karmienia zwierząt gospodarskich.
4. Służy do wyrobu placków rybnych i ciast do spożycia przez ludzi.
5. Ryby można smażyć i jeść razem z ciasteczkami, chipsami ziemniaczanymi i chlebem.

System produkcji w oparciu o liczbę hodowanych gatunków

W systemie tym w praktyce występują dwa rodzaje, a mianowicie monokultura i polikultura. Mogą one być praktykowane na różnych poziomach, takich jak intensywny, półintensywny i mogą być interpretowane z innymi formami rolnictwa.

(a) Monokultura: - Zazwyczaj jest to produkcja jednego gatunku ryby w stawie, zbiorniku lub innym pomieszczeniu. Przykładem może być hodowla tylko clarias gariepinis lub O. nilotians tylko e.t.c. Należy zauważyć, że ten typ hodowli pozwala hodowcom ryb bardzo dobrze poznać swoje ryby. Główną wadą tego systemu jest jednak to, że w przypadku wybuchu choroby wszystkie ryby mogą zostać utracone w tym samym czasie, jeżeli nie zostanie zapewnione odpowiednie leczenie.

(b) Polikultura:- Odnosi się do produkcji dwóch lub więcej gatunków ryb razem w tym samym zbiorniku lub stawie, takich jak hodowla kociej ryby i tilapii razem lub heterotis i suma razem. System ten jest dość korzystny, o ile można go wykorzystać do kontrolowania zbyt dużej populacji tilapii w stawie, zwłaszcza gdy w stawie znajdują się gatunki mięsożerne, takie jak sumy. Polikultura sumów i tilapii na pokarm - wielkość ryb w małych stawach Rwandy i Ugandyjskich rolników wiejskich w 36 do 50m2 stawów jest osiągana, gdy kocie ryby są zarybiane (25 - 35% liczbowo) tilapią przy całkowitej gęstości zarybiania 1 ryby /m2 stawów [Centrum Technologii Żywności i Nawozów (FFTC), 2009].

(c) Zintegrowana akwakultura:- Istotą zintegrowanej hodowli ryb w Nigerii i niektórych innych częściach świata jest w rzeczywistości sprostanie wyzwaniom związanym z niedoborem żywności, a także zmniejszenie stopy bezrobocia. Według Projektu Akwakultura i Rybołówstwo Śródlądowe (AIFP, 2005), zintegrowana hodowla ryb jest prowadzona w wielu krajach kraju, w których 50% hodowców ryb zintegrowało hodowlę świń, drobiu lub zwierząt gospodarskich z ich hodowlą, podczas gdy zintegrowana produkcja ryb z uprawami również wzrasta w kilku krajach kraju. Zintegrowana hodowla ryb w akwakulturze miejskiej prowadzona jest w dużej mierze na własne potrzeby. Akinrotimi *et at* (2005), found out that out of 254 fish farmers sampled in the country, only 46% did any form of integrated fish farming. Może to być jednak praktykowane w ramach innego systemu, który oczywiście zależy od funkcji produkcyjnej, która w dużej mierze zależy od finansów i poziomu integracji, w którą należy się zaangażować. Typowe typy w Nigerii są następujące:-

1. Fish Cum Pig farming:- Hodowla świń jest szeroko praktykowana w południowej i środkowej części pasa Nigerii i innych częściach świata. W rzeczywistości oferuje ona rolnikom hodowlę, która jest łatwiejsza niż hodowla drobiu. Świnia jest zwierzęciem bardzo płodnym, a jej połączenie z rybami nie tylko zwiększa jej efektywność ekonomiczną, ale także ekologiczną.
2. Fish cum hodowla drobiu:- Jest to właściwie integracja zwierząt drobiowych, takich jak gęsi, kurczak, indyk, ptactwo, kaczki i gołębie z hodowlą ryb. Najczęściej praktykowanym typem w Nigerii, jest ryba cum kurczak, która jest powszechnie praktykowana ze względu na wysoki poziom rentowności przedsiębiorstwa. Odchody kurczęce są zbierane codziennie lub okresowo i gromadzone na brzegu stawu. Nawozy organiczne powodują większą produkcję, a w konsekwencji większe plony kotów i tilapii dzięki zwiększonej produkcji zarówno heterotroficznej, jak i autotroficznej, która służy jako karma dla roślin. Te pokarmy roślinne wspierają wzrost i rozwój zooplanktonu i fitoplanktonu, które razem służą jako pokarm dla ryb w stawie lub zbiorniku. Gnojowica z kurczaka nawozi wodę przy aplikacji i może być również spożywana bezpośrednio przez ryby.

3. Fish cum crop production:- Jest to uprawa roślin rolniczych takich jak warzywa i rośliny uprawne jak kukurydza ryżowa, cowpea, a także roślin wodnych takich jak kasztan wodny, szpinak wodny z hodowlą ryb. Najczęściej praktykowana w Nigerii produkcja kumulacji rybnej polega głównie na uprawie ryb z warzywami i ryżem.

Obiekty hodowlane wykorzystywane w hodowli ryb

Do obiektów hodowlanych wykorzystywanych w hodowli ryb w Nigerii należą: -

1. Zbiorniki betonowe:- W rzeczywistości są one najczęściej stosowane zarówno w miastach miejskich, jak i pół-miejskich, zwłaszcza na obszarach, gdzie grunt nie nadaje się lub nie jest dostępny do budowy naturalnych stawów glinianych. Mogą być wykonane z bloków, w których znajdują się otwory wypełnione betonem lub płytami żelbetowymi. Zbiorniki betonowe w rzeczywistości mogą mieć dowolny kształt, który może mieć formę okrągłą lub prostokątną o głębokości od 1m do 1,2m. Mogą one jednak mieć dowolną wielkość, która oczywiście zależy od tego, ile ryb należy zarybić do hodowli.
2. Stawy ziemne:- W odróżnieniu od stawów betonowych, stawy ziemne są wykopane lub wydrążone wały lub stawy zaporowe z naturalnych gleb, zwłaszcza gliniastych, które mają zdolność do naturalnego zatrzymywania wody dla zarybionych ryb. Stawy są zazwyczaj łatwiejsze w zarządzaniu, a produkcja jest szybsza dzięki dodawaniu naturalnych pokarmów, które uzupełniają pokarm podawany rybom. Staw ziemny jest jednym z najczęściej wykorzystywanych stawów w kraju, a jego wielkość waha się od małej (poniżej 1/2 ha) do średniej (0,5 -0,9 ha) i dużej (1 ha i więcej).

3. Rynny drewniane:- Ten typ jest zazwyczaj zbudowany z desek i różnią się one wielkością i głębokością. Po zakończeniu budowy zbiornik jest wyłożony polietylenem, aby zapobiec wyciekom. Gęstość obsady jest wysoka i może być przenoszona z miejsca na miejsce w przypadku, gdy hodowla ryb ma być przeniesiona z jednego lub drugiego powodu.
4. Kultura klatkowa:- Jest to zazwyczaj ogrodzenie wykonane z siatki z drewnianych desek lub bambusa, w którym ryby są trzymane w niewoli w swobodnych wodach, takich jak jeziora, strumienie, laguny i zbiorniki płynących rzek. Tilapia nilowa jest dominującą kulturą gatunkową w klatkach słodkowodnych, które w głębokich jeziorach (BFAR, 2005) wykonane są zazwyczaj z ogrodzenia sieciowego (z dnem).
5. Plastikowe zbiorniki:- Polega to na wykorzystaniu plastikowych zbiorników do hodowli ryb. Blat jest zazwyczaj otwarty, aby umożliwić odpowiednie napowietrzanie, ale w sieci, aby zapobiec ucieczce ryb. Podobnie jak drewniane koryto, również ten typ może być w razie potrzeby przenoszony z miejsca na miejsce.

Rodzaje karmy stosowane w hodowli ryb

Istnieją dwa rodzaje pasz powszechnie stosowanych w hodowli ryb, które są paszami naturalnymi i sztucznymi. Naturalnymi paszami są zazwyczaj fitoplankton, plankton ogrodowy, owady itp., które powstają podczas nawożenia stawu przy użyciu nawozów organicznych, takich jak obornik krów, odchody drobiu itp. oraz nawozów nieorganicznych, takich jak pojedynczy superfosforan i mocznik itp. Stosowany jest do karmienia ryb we wczesnych stadiach wzrostu. Pasze sztuczne, które są również nazywane mieszankami paszowymi, są zazwyczaj produkowane w formie granulek, zacieru lub kruszonki. W Nigerii istnieją lokalne i zagraniczne pasze używane przez hodowców ryb. Zaletą pasz obcych w porównaniu z paszami produkowanymi lokalnie jest to, że mogą one długo pozostawać w wodzie, mają wysoką strawność i wysoką wartość odżywczą. Przykładami pasz zagranicznych stosowanych w Nigerii są zagajniki, durantel, melick i multifeed. Chociaż stosowanie tych zagranicznych pasz jest korzystne, są one jednak drogie i czasami niedostępne. Pasza granulowana może być typu tonącego lub pływającego. Sztuczne pasze mogą być kompletne lub uzupełniające. Pasza kompletna dostarcza zazwyczaj wszystkich składników odżywczych potrzebnych rybom w odpowiedniej ilości dla optymalnego wzrostu. Jednak w przypadku opłacalnej komercyjnej hodowli ryb zaleca się stosowanie pełnej paszy (Omitoyin, 2007). Dla tych hodowców ryb, którzy stosują intensywną recyrkulację wody, jak również przepływ przez system w Lagos, zaleca się stosowanie wyłącznie pasz pelletowych i pływających (Adeogun i in., 2007).

Praktyki zarządzania związane z hodowlą ryb

Istnieją praktyki zarządzania stawem, które stanowią uzupełnienie wysiłków związanych z budową stawu w celu optymalizacji produkcji rybnej i właściwego zarządzania stawem, aby zapewnić sukces działalności w zakresie hodowli ryb. Omotoyin (2007), określiła następujące niezbędne praktyki w zakresie zarządzania stawem wodnym:-

1. Praktyki przygotowania stawu (wykopy, wapnowanie, nawożenie itp.)
2. Przechowywanie wymaganych paznokci
3. Karmienie palców do osiągnięcia dojrzałości
4. Rutynowe praktyki zarządzania
5. Zarządzanie jakością wody w celu utrzymania odpowiedniego pH i innych właściwości wody w stawie lub zbiorniku.

6. Okresowe pobieranie próbek w celu upewnienia się co do dojrzałości hodowanych ryb
7. Szybkie zbieranie lub uprawa są dość konieczne, aby uniknąć sytuacji, w której już dojrzałe ryby są nadal pod opieką w zakresie karmienia i innych. Jest to niepotrzebne, a rentowność działalności jest znacznie ograniczona.
8. Wprowadzanie do obrotu złowionych ryb powinno odbywać się albo na terenie gospodarstwa rolnego po rozsądnej i kontrolowanej cenie, albo w formie sprzedaży detalicznej lub hurtowej w ilościach przeznaczonych dla wymagających organizacji lub osób.
9. Przetwarzanie i konserwowanie ryb to kolejna ważna praktyka gospodarki rybnej mająca na celu utrzymanie ich jakości po odłowieniu. Ryby niesprzedane lub niespożywane powinny być przetwarzane w taki sposób, aby zachować ich jakość. Jest to szczególnie konieczne, ponieważ wiadomo, że ryby zawierają wysoką wartość biologiczną (B.V), a zawartość białka może być łatwo przywiązana przez mikroorganizmy, które sprawiają, że są one skażone i niezdatne do spożycia przez ludzi. Aby tego uniknąć, złowione ryby należy szybko zakonserwować poprzez głębokie zamrożenie, wędzenie, suszenie na słońcu, solenie lub przetworzenie w puszkach w postaci sardynek, mączki rybnej do produkcji zwierzęcej. Środki te pomogą uniknąć marnotrawstwa, a także zapewnią rentowność hodowli ryb, w tym sumów.
10. Prowadzenie dokumentacji jest bardzo ważne w hodowli ryb, ponieważ pozwala na dokładną analizę działalności gospodarstwa. Martwi się o to, co rolnik wydaje i co otrzymuje od firmy rolniczej. Hodowca ryb powinien prowadzić dokładną ewidencję stada, współczynników wykorzystania paszy, a także tempa wzrostu. Pod koniec danego okresu, zwykle na koniec każdego sezonu odłowu ryb,

hodowca ryb jest w stanie faktycznie określić, czy działa ze stratą na poziomie zysku. Bez względu na to, jaka jest sytuacja, w razie potrzeby musi się on dostosować, aby utrzymać działalność w zakresie hodowli ryb.

CZĘŚĆ TRZECIA

CZYNNIKI PRODUKCJI ROLNEJ

Środki produkcji rolnej są klasyfikowane jako siła robocza, ziemia, kapitał, zarządzanie i "dobra wolne", takie jak woda, powietrze i ciepło. Wkłady te są podzielone na dwie wielkości: - bezpłatnych i ekonomicznych nakładów. Za wolne zasoby uważa się te, które są stosunkowo obfite w podaż i w rzeczywistości nie wiąże się z nimi żaden element kosztowy, mimo że są one bardzo ważne w produkcji rolnej. Inne, określane mianem zasobów gospodarczych, nie tylko straszą podażą i ograniczają produkcję rolną, ale także mają wysoką wartość ekonomiczną w przyrodzie (Olayide i Heady, 1982). Zasoby gospodarcze w rzeczywistości trafiają do produkcji rolnej w różnych, zdezagregowanych formach, aby faktycznie zapewnić bardziej konkretny zestaw środków produkcji, takich jak grunty różnego rodzaju, różne kategorie nakładów kapitałowych i pracy, np. rodzinna, wykwalifikowana i niewykwalifikowana (Ojo, 1999). Mówi się, że produkcja miała miejsce, gdy do produkcji towarów lub świadczenia usług wykorzystywane są rzadkie czynniki produkcji. Tak więc produkowane towary lub świadczone usługi stanowią produkcję globalną, podczas gdy zasoby, które zostały wykorzystane, są czynnikami produkcji, które obejmują ziemię, pracę, kapitał i zarządzanie (Alabi el al, 2004). Innymi słowy, za czynnik produkcji uważa się ten towar lub usługę, które są potrzebne do produkcji i są one całkiem niezbędne w procesie produkcji, ponieważ bez nich nie byłoby produkcji. Kwota pieniędzy poniesionych na wykorzystanie czynników produkcji do wytworzenia produktu nazywana jest kosztem produkcji.

(a) Ziemia:- Ziemia jest zdefiniowana jako różne nie-ludzkie zasoby naturalne, które znajdują się w dowolnym miejscu na ziemi. Obejmuje ona powierzchnię lądu, oceany, rzeki, morza, atmosfery, a także substancje chemiczne, minerały, ryby i rośliny występujące w ziemi i jej środowisku. Dla jasności, darmowe dary wszystkich natur, minus człowiek, zwykle należą do klasyfikacji ziemi. Warto tu wspomnieć, że ziemia jest ważnym wkładem w rolnictwo i jest stosunkowo stała w zaopatrzeniu, z wyjątkiem tego, że czasami można ją nieznacznie rozszerzyć poprzez odprowadzanie wody z bagien, melioracje z takich zbiorników wodnych jak morze oraz biologiczne lub chemiczne ulepszenia prowadzone na gruntach nie uprawnych. Grunty są integralnym czynnikiem produkcji, który umożliwia produkcję towarów i usług możliwą na różne sposoby.

Czynniki wpływające na grunty Produktywność

1. Sytuacja ziemi: Miejsce, w którym znajduje się jednostka gospodarcza lub gospodarstwo rolne, w dużym stopniu wpływa na jego wydajność. Na przykład grunt położony w pobliżu centrum rynkowego będzie produkował więcej niż inny, który znajduje się na obszarze odległym od rynku. Wynika to z faktu, że mniej pieniędzy i czasu poświęca się na pozyskiwanie innych wymaganych nakładów, jak również na przenoszenie produkcji przeznaczonej do sprzedaży na rynek.
2. Topografia Ziemi: Odnosi się to do kształtu terenu, to znaczy, czy jest on wyrównany, nachylony, czy wzniesiony. Zazwyczaj teren wyrównany będzie bardziej produktywny niż teren nachylony lub pagórkowaty. Znowu pochyłe lub pagórkowate tereny produkują lepiej niż pustynne.
3. Stosowanie ulepszonych metod uprawy: Gdy w uprawie ziemi stosowane są ulepszone metody uprawy, zwiększa się jej wydajność. Można to poprawić poprzez zastosowanie dobrej jakości nasion i sadzonek, nawozów organicznych lub

nieorganicznych, nawadniania, a także maszyn uprawowych, takich jak pługi i brony.

4. Własność ziemi i polityka rządu: W większości przypadków grunty posiadane przez rolników są zazwyczaj bardziej produktywne niż te wynajmowane, ponieważ rolnik poświęca więcej czasu i pieniędzy na uczynienie swojej osobistej ziemi produktywną. Wynika to z faktu, że jest on właścicielem ziemi na stałe, w przeciwieństwie do tej, którą wynajął, a która jest przeznaczona do tymczasowego użytku. Polityka rządu może również wpływać na produktywność ziemi. Na przykład, jeśli rząd zdecyduje się na przyznanie rolnikom udogodnień kredytowych, część z nich może zostać wykorzystana do przeprowadzenia ulepszeń na ziemi, takich jak nawożenie i irygacja.

(b) **Praca:-** Praca jest uważana za wszelkiego rodzaju wysiłek ludzki w formie umysłowej lub manualnej, wykwalifikowanej lub niewykwalifikowanej, artystycznej lub naukowej, który jest wykorzystywany w produkcji, której często towarzyszą pewne formy nagrody, często pieniężnej. Praca obejmuje usługi świadczone przez lekarzy weterynarii, inżynierów rolnictwa, pracowników pomocniczych, ręce rolników, prawników, nauczycieli i wielu innych. Jest to ważny wkład w produkcję, a jego dostępność jest zazwyczaj funkcją aktywnej ekonomicznie części populacji, która jest udostępniana do produkcji rolnej (FAO 1986-1995). Praca jest ważna w tym sensie, że bez niej wszystkie inne czynniki produkcji pozostaną w swoich naturalnych stanach i nie będzie żadnego rozwoju. Planuje pracę, kieruje i kontroluje całą działalność gospodarczą człowieka, w tym produkcję rolną. Praca jest mierzona w przeliczeniu na ekwiwalent dorosłego mężczyzny, gdzie jeden dzień pracy dorosłego mężczyzny to praca wykonana przez jednego dorosłego mężczyznę w ciągu ośmiu godzin, jeden dzień pracy kobiety to ekwiwalent ⅔ dnia pracy dorosłego mężczyzny, natomiast dzień pracy młodocianych to ½ dnia pracy dorosłego mężczyzny (Ojo, 2000 i Ajibefun, 2000). Należy tu zauważyć, że jakakolwiek praca wykonywana w celach rekreacyjnych lub niewymagająca wynagrodzenia pieniężnego nie jest z ekonomicznego punktu widzenia traktowana jako praca. Oznacza to, że musi istnieć nagroda pieniężna, zanim jakakolwiek praca zostanie uznana za pracę. Praca ta musi mieć charakter efektywny, aby można było prowadzić sensowną produkcję. Wydajność pracy to stopień, w jakim praca jest wykonywana podczas produkcji. Pokazuje on zdolność pracownika do wykonywania większej ilości pracy i lepszej w danym okresie czasu. Hodowla ryb jest bardzo pracochłonna, ponieważ większość czynności wykonywanych jest ręcznie, takich jak wapnowanie, nawożenie, zarybianie, karmienie, zbiór i przetwarzanie. Praktyki te, wymagane w hodowli ryb, powinny być prowadzone w sposób wydajny; dlatego też siła robocza zatrudniona w hodowli ryb powinna być wydajna, jeżeli oczekuje się, że działalność gospodarcza będzie rentowna.

Czynniki wpływające na efektywność pracy

1. Szkolenie i doświadczenie; Znaczenie szkolenia i doświadczenia w hodowli ryb nie może być przeceniane. Wynika to z faktu, że wyszkoleni i doświadczeni pracownicy będą bardziej wydajni niż ci niewykwalifikowani i niedoświadczeni. Dzieje się tak dzięki temu, że lepiej niż inni rozumieją techniczną stronę pracy, a więc lepiej ją wykonują.

2. Lepszy standard życia; pracownicy o lepszym standardzie życia, np. mieszkający w komfortowych domach, jedzący odpowiednio zbilansowane diety, odpowiednio ubrani, a także w dobrym zdrowiu, z pewnością osiągną lepsze wyniki niż ci o niskim standardzie życia, którzy nie są narażeni na te czynniki, które mogą poprawić standard życia.
3. Warunki pracy; Dobre warunki pracy na farmie rybnej lub w innych organizacjach z pewnością wpłyną na wydajność pracowników. Na przykład, dobrze opłacany pracownik, którego pensja lub wynagrodzenie jest wypłacane regularnie, będzie mógł uzyskać lepszy standard życia, co wpłynie na jego wydajność, niż ci, którzy są słabo opłacani. Ponownie, pracownicy pracujący w zdrowym i komfortowym środowisku, z okresem odpoczynku i przerwą obiadową, jak również wspierani w miarę potrzeb, z pewnością wykorzystają swoje możliwości, osiągając w ten sposób wysoką wydajność pracy. Osoby pracujące bez dobrych warunków pracy z pewnością będą miały niską wydajność pracy.
4. Inne czynniki; Warunki polityczne i klimatyczne w każdym kraju mogą mieć wpływ na wydajność pracy pracowników. Pracownicy w kraju, w którym panuje bezpieczeństwo życia i mienia, będą mieli wysoką skuteczność w stosunku do pracowników mieszkających w krajach ogarniętych wojną i w innych krajach, choć nie są w stanie zapewnić bezpieczeństwa życia i mienia. Ponadto złe warunki klimatyczne w danym kraju mogą również wpływać na efektywność pracy. Na przykład praca w krajach o gorącym klimacie wpływa na zdolności fizyczne i psychiczne pracowników, co sprawia, że są oni mało wydajni. Z drugiej strony, pracownicy w zimnych i umiarkowanych krajach świata będą mieli wysoką wydajność dzięki chłodnemu środowisku.

(c) Kapitał:- Według Omoruyi et al (2001), kapitał składa się z aktywów wynikających z przeszłych wysiłków ludzkich, które są zwykle dostępne do dalszej produkcji. Innymi słowy, kapitał to wszystkie zasoby wytworzone przez człowieka, wykorzystywane w produkcji. W rzeczywistości obejmuje ono całe bogactwo, które człowiek nabył oprócz ziemi, która mogłaby być wykorzystana do produkcji większego bogactwa. Aktywa te zostały wyprodukowane w gospodarstwie lub zakupione i nie zostały jeszcze zużyte, ale nadal są wykorzystywane. Są one w trzech formach:-

(i) Stolice biologiczne, takie jak stada hodowlane, herbicydy, nawozy, pestycydy i ulepszone nasiona.

(ii) Maszyny rolnicze, takie jak różne narzędzia i ciągniki rolnicze.

(iii) Pasza:

Ponownie, kapitał może być klasyfikowany na podstawie ich struktury kosztów, takich jak:-

(i) Koszty utrzymania i eksploatacji maszyn i urządzeń, wydatki na zwierzęta gospodarskie i paszę.

(ii) Koszty amortyzacji maszyn

(iii) Koszty amortyzacji na budowę.

(d) Zarządzanie:- Zarządzanie jest również uważane za organizację lub przedsiębiorcę. Jest to funkcja rolnika, który jest przedsiębiorcą. Funkcją zarządzania jest organizowanie zasobów ludzkich i materialnych dla produkcji rolnej. W rzeczywistości rolnik jest czynnikiem produkcji, który koordynuje inne czynniki, które obejmują ziemię, siłę roboczą i kapitał oraz organizuje je w produkcji produktów rolnych w postaci plonów z gospodarstw rolnych (Anyanwu *i in.,* 2001). Ponadto ktoś musi tam być, aby wynajmować czynniki produkcji i płacić wynagrodzenia, odsetki, a także wynajmować je swoim właścicielom oraz podejmować decyzje o tym, ile z każdego z tych czynników produkcji będzie potrzebne do produkcji. Kierownictwo w zasadzie przeszkadza w świadczeniu usług przez przedsiębiorcę, który jest odpowiedzialny za organizację, kontrolę i zarządzanie określoną przez firmę polityką. Efektywne planowanie i wykorzystanie zasobów, pomaga zapewnić osiągnięcie wyznaczonych celów funkcji produkcyjnej i to kierownictwo zajmuje się planowaniem, realizacją i kontrolą działalności gospodarstwa (Olayide i Heady, 1982). Bez skutecznego zarządzania gospodarstwem rybnym praktycznie niemożliwe byłoby zapewnienie jego rentowności i zysków.

ROZDZIAŁ CZWARTY

Pomiar wydajności produkcyjnej

Termin "Efektywność Produktywna" odnosi się do osiągnięcia celu produkcyjnego bez marnowania zasobów w procesie. Podstawową ideą, która leży u podstaw wszystkich działań na rzecz efektywności, jest jakość usług i towarów w przeliczeniu na jednostkę zaangażowanych zasobów. Niewydajność produkcyjna odnosi się zatem do nieproporcjonalnego i nadmiernego zatrudnienia wszystkich czynników produkcji. W rzeczywistości efektywną metodą produkcji rolnej jest taka, która faktycznie wykorzystuje najmniejszą ilość środków produkcji do wytworzenia danej ilości produkcji, znanej jako plon lub zbiór. Zazwyczaj istnieją trzy rodzaje zwiększenia efektywności: efektywność techniczna, alokacyjna i ekonomiczna, jak wcześniej omówiono.

Wydajność techniczną gospodarstwa można obliczyć jako stosunek między obserwowaną produkcją (Y) a produkcją, która zostałaby uzyskana, gdyby produkcja była zlokalizowana na granicy, znaną jako produkcja przygraniczna, nazywaną również produkcją dostosowaną. Skorygowana wartość wyjściowa (Y*) faktycznie reprezentuje obserwowaną wartość wyjściową (Y), która jest skorygowana o statystyczny "hałas" lub błąd (Ojo, 2000). Jest on obliczany jako:-

Y=F (Xa, B) + V-U i Y* = F(Xa, B)+V

Gdzie:

Y =obserwowana wydajność

Y* =Dostosowane wyjście.

Xa =Użyte rzeczywiste wejścia

F =Właściwe funkcje, np. funkcja Cobb-Douglas, funkcja semilog itp.

Ui = Efekt nieefektywności technicznej, wynikający z kontrolowanych czynników, które są pod kontrolą rolników.

v_i = Komponent losowy terminu błędu

Skorygowane wyjście (Y*) i obserwowane wyjścia (Y) są wykorzystywane do obliczenia wydajności technicznej w następujący sposób:

T.E = Y/Y*

Żeby

$0 \leq Y/Y^* < 1$

Efektywność techniczna w odniesieniu do relacji między czynnikami produkcji a produktami w produkcji rolnej

Jhingan (2008), podkreślił, że wydajność danego czynnika produkcji odnosi się do jego zdolności produkcyjnych. Pokazuje on zdolność czynnika do wykonania większej ilości pracy lub wykonania pracy lepiej lub obu w określonym czasie. Zwrócił uwagę, że czynniki, które mogą wpływać na wydajność pracy w danym kraju, to osobiste cechy pracowników, warunki pracy, relacje pracodawca-pracownik oraz warunki polityczne, społeczne i ekonomiczne. Dodał, że na produktywność ziemi w danym kraju mają wpływ takie czynniki, jak jakość gruntów, sposoby nawadniania, sytuacja gruntów, właściwe użytkowanie gruntów i poprawa ich stanu. Inne to poprawa w zakresie gruntów, wyszkolonej siły roboczej, własności gruntów, a także polityki rządowej.

Reddy i inni (2009) przyczynili się do tego, że relacja między czynnikami produkcji a produktem odnosi się do podstawowej relacji produkcji, która istnieje między nakładami a produkcją. Dotyczy to głównie wykorzystania zasobów w produkcji i jej efektywności. Jest to przewodnik dla producenta przy podejmowaniu decyzji o tym, ile wyprodukować. Celem tej relacji czynnik-produkt jest optymalizacja czynników wykorzystywanych w produkcji i jest ona jednak wyjaśniona przez prawo malejących zwrotów. W każdym razie, rolnik ma z tyłu głowy konkretny cel, który ma osiągnąć za pomocą środków produkcji/czynników, którymi dysponuje. Tak więc produkcja rolna odnosi się do wykorzystania zasobów lub środków produkcji rolnej, takich jak ziemia, siła robocza, nasiona, nawozy i nawadnianie w celu wyprodukowania określonej ilości produkcji lub wydajności upraw, takich jak bawełna, kakao, kawa, olej palmowy, kukurydza i podobnie, wykorzystując zasoby takie jak pasza i foldery, leki, ziemia, siła robocza itp. w produkcji zwierzęcej ryb, mięsa, jaj, mleka itp. Po zidentyfikowaniu niezbędnych nakładów niezbędnych do produkcji, rolnik powinien posiadać wiedzę na temat działalności produkcyjnej, aby być w stanie przeniknąć fizyczny związek, który istnieje między nakładami a oczekiwaną produkcją. Wiedza ta jest całkiem niezbędna, ponieważ reakcja plonów lub produkcji na zastosowanie środków produkcji jest różna, dlatego też rolnik musi odpowiednio zdecydować, ile środków wykorzystać i ile plonów wyprodukować. Spójrzmy na relację czynnik-produkt z punktu widzenia jednej zmiennej wejściowej i wyjściowej;

Q = f (X1 / X2, X3, ... Xn)

Gdzie,

Q = Ilość produkcji globalnej (plonów) z przedsiębiorstwa rolnego

X1= Wejście zmienne

X2 ... Xn = Stałe wejście

/ (pasek pionowy) = oddziela zmienne wejście od stałych wejść

ROZDZIAŁ PIĄTY

FUNKCJA PRODUKCJI

Według Reddy'ego i in. (2009) funkcję produkcji określa się jako zależność techniczną i matematyczną, która opisuje sposób i stopień, w jakim produkcja zależy od ilości nakładów lub usług związanych z nakładami, wykorzystanych w danym okresie czasu i na danym poziomie technologii. Zasadniczo, funkcja produkcji pokazuje ilość produkcji, która może być wytworzona przy użyciu różnych poziomów nakładów.

Produkt fizyczny ogółem (TPP)

Jest to całkowita ilość produkcji globalnej uzyskana z wykorzystania różnych jednostek zasobów w procesie produkcyjnym. Zazwyczaj jest on mierzony w jednostkach fizycznych, takich jak kwintale, kilogramy, itp.

Średni produkt fizyczny (APP)

Jest to średnia ilość produktu wyjściowego wyprodukowanego przez każdą odpowiadającą jej jednostkę wkładu. W innej formie jest to stosunek całkowitej produkcji globalnej lub produktu do ilości zasobów zużytych w produkcji tej ilości produkcji. Średni produkt fizyczny jest otrzymywany przez faktyczny podział całkowitej produkcji globalnej wytworzonej na danym poziomie przez ilość jednostek zasobów użytych na odpowiednim poziomie. Pokazuje ona efektywność zmiennego czynnika produkcji (efektywność techniczna).

Marginalny produkt fizyczny (MPP)

Jest to dodanie do całkowitej produkcji w wyniku dodania jednej jednostki zmiennego czynnika produkcji. Jest to dodatkowa ilość produktu lub produkcji uzyskana przez dodatkową jednostkę zasobów. Jest to zmiana w produkcji globalnej w wyniku zmiany zmiennego czynnika produkcji.

Elastyczność produkcji (EP)

Elastyczność produkcji jest definiowana jako procentowa zmiana w produkcji otrzymanej, która wynikała z procentowej zmiany czynnika zmiennego wykorzystanego w procesie produkcji.

Zależność między całkowitym iloczynem fizycznym (TPP), średnim iloczynem fizycznym (APP) i krańcowym iloczynem fizycznym (MPP)

Podczas produkcji, gdy MPP wzrasta, również TPP będzie wzrastać w coraz większym tempie i będzie to trwało do momentu, gdy MPP osiągnie maksimum. Jednakże po osiągnięciu maksymalnej wartości NKT zaczyna ona wzrastać w tempie malejącym. W momencie, w którym MPP staje się zerowa, obserwuje się, że TPP osiąga maksimum. Należy zauważyć, że negatywna MPP spowoduje zmniejszenie się TPP, a gdy TPP rośnie, obserwuje się, że MPP jest pozytywna. Ponadto obserwuje się, że gdy TPP jest maksymalna, MPP jest zerowa, a gdy TPP spada, MPP staje się ujemna.

W tabeli 1 przedstawiono funkcję produkcyjną różnych poziomów czynnika zmiennego (pracy ludzkiej) stosowanego w procesie produkcji, całkowitego produktu fizycznego (TPP), marginalnego produktu fizycznego (MPP) oraz średniego produktu fizycznego (APP), przy założeniu, że grunty są stałym czynnikiem produkcji. Obserwuje się, że TPP zwiększa się aż do wykorzystania siódmej jednostki wejścia i zaczyna spadać. Z drugiej strony, obserwuje się wzrost APP do wykorzystania pięciu jednostek pracy, a następnie tendencję do jej zmniejszania. Z tabeli wynika również, że krańcowy produkt fizyczny wzrósł z 15 jednostek do 30 jednostek, kiedy to nastąpił wzrost wykorzystania pracy ludzkiej z pierwszą jednostką do czwartej jednostki oraz spadek wynikający z dalszego wzrostu wykorzystania zasobów pracy ludzkiej. Obserwuje się również, że marginalny produkt fizyczny staje się ujemny, gdy następuje wzrost zmiennego poziomu wejściowego do 8. jednostki i dalej.

Tabela 1: Całkowity iloczyn fizyczny, średni iloczyn fizyczny i marginalny iloczyn fizyczny

Poziom	**wejściowy Łączna**		**średnia fizyczna Średnia**
fizyczna	**marginalna fizyczna**		
Produkt (TPP)	**Produkt (APP)**		**Produkt (MPP)**
1	13	13	
			19
2	32	16	
			25
3	57	19	
			27
4	84	21	
			21
5	105	21	
			3
6	108	18	
			0
7	108	15	
			-8
8	100	13	
			-19
9	81	9	
			-21
10	60	6	

Trzy etapy (regiony) funkcji produkcyjnej

W klasycznej funkcji produkcyjnej można wyróżnić trzy etapy, ale w jednym z nich decyzja produkcyjna jest faktycznie racjonalna.

Etap I: Etap ten rozpoczyna się od początku i kończy w określonym punkcie, w którym MPP jest równa APP. Właściwie na tym etapie MPP > APP, co skutkuje wzrostem obserwowanym w APP. Ponadto MPP osiąga maksimum w punkcie przegięcia, a następnie zaczyna spadać. Obserwuje się, że TPP rośnie w tempie rosnącym aż do punktu załamania, a następnie rośnie w tempie malejącym. Elastyczność produkcji (EP) **jest** większa niż jedna na tym etapie produkcji i jest to jedna na końcu etapu. Na uwagę zasługuje tutaj fakt, że efektywność techniczna zmiennego czynnika produkcji wzrasta, o czym świadczy wzrost APP. Podobnie wzrasta również techniczna wydajność stałego czynnika produkcji, o czym świadczy wzrost TPP. Etap ten jest jednak uważany za nieracjonalny (nieoptymalny) etap produkcji dla rolnika. Każdy rolnik, który produkuje na tym etapie, jest uważany za nieracjonalnego, ponieważ może zyskać dzięki wykorzystaniu większego wkładu w produkcję.

Etap II: Etap ten rozpoczyna się w punkcie, w którym MPP i APP są równe i kończy się w punkcie, w którym MPP jest równa zeru, przy którym poziom zużycia na wejściu jest maksymalny, a TPP maksymalna. Na tym etapie MPP jest mniejsza niż APP, chociaż zarówno MPP, jak i APP wykazują tendencję spadkową. Przeciętna wydajność uzyskiwana ze zmiennego czynnika produkcji zmniejsza się na tym etapie, choć jest maksymalna na początku etapu. Elastyczność produkcji (EP) na końcu tego etapu wynosi zero. Jest to rzeczywisty racjonalny (optymalny) etap produkcji dla rolnika. Jest to etap, na którym normalnie powinna odbywać się produkcja. Efektywność techniczna czynnika zmiennego na tym etapie maleje, co pokazuje malejąca APP, natomiast efektywność techniczna czynnika stałego wzrasta, co pokazuje rosnąca TPP. Zmienna wejściowa jest faktycznie obfita w stosunku do zasobów stałych na tym etapie.

Etap III: Etap ten rozpoczyna się od końca etapu II, w którym MPP wynosi zero i również staje się ujemna. Ponadto APP nadal spada, a TPP, która znajdowała się w maksymalnym punkcie w ostatniej części etapu II, zaczyna spadać na tym etapie. Elastyczność produkcji (EP) **na** tym etapie jest mniejsza od zera. Jest to nieracjonalny (ponadoptymalny) etap produkcji dla rolnika, ponieważ nieracjonalne jest dla niego wykorzystywanie większej ilości nakładów i produkowanie mniejszej produkcji. Zmniejsza się wydajność techniczna stałych i zmiennych czynników produkcji. Na tym etapie czynnik zmienny jest nadmierny w stosunku do stałego czynnika produkcji (Reddy i in. 2009).

Ilustracja funkcji produkcji znajduje się na rys. przedstawiającym trzy różne etapy

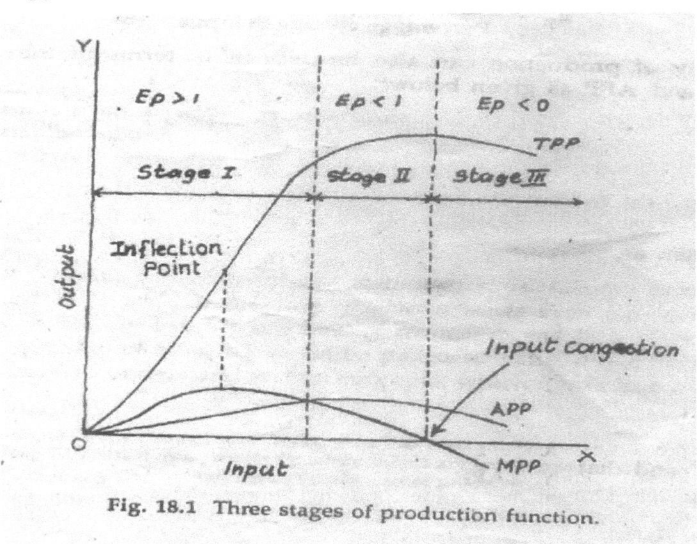

Fig. 18.1 Three stages of production function.

Powody rosnących, malejących i ujemnych zwrotów w procesie produkcji

Według Reddy'ego i in. (2009) stałe czynniki produkcji są obfite w etapie I i nie są efektywnie wykorzystywane w wyniku niewystarczającej ilości czynników zmiennych. W przypadku użycia większej ilości czynników zmiennych, wkrótce dojdziemy do punktu maksymalnego, marginalnego produktu fizycznego. W rzeczywistości, poza tym punktem, dalszy wzrost wykorzystania zasobów zmiennych daje mniejszą dodatkową produkcję (malejące zyski). Dzieje się tak, gdy większa ilość zmiennego czynnika musi się zmieścić przy mniejszej ilości stałych czynników.

Produkcja rolna zasadniczo odnosi się do zintegrowanego wysiłku stałych i zmiennych czynników produkcji. Kiedy proporcja zmiennego czynnika produkcji staje się zbyt duża dla ograniczonego stałego czynnika produkcji, równowaga, która powinna istnieć pomiędzy stałym i zmiennym czynnikiem produkcji, zostaje zakłócona, a zatem prowadzi do ujemnych zysków, w trzecim etapie produkcji.

Racjonalne i nieracjonalne etapy produkcji

Biorąc pod uwagę trzy etapy produkcji, etapy I i III są nieracjonalne, podczas gdy etap II jest etapem racjonalnym. Ponieważ wydajność techniczna, która jest również nazywana średnią wydajnością czynnika zmiennego, stale wzrasta na etapie 1, nie zaleca się zaprzestania stosowania czynnika zmiennego. Można raczej wykorzystać stały czynnik, który pozostaje bezczynny, reorganizując w ten sposób zasoby. Ta reorganizacja oczywiście prowadzi do zwiększenia produkcji. Ponieważ w rzeczywistości możliwe jest uzyskanie dalszych wyników z mniejszej ilości nakładów poprzez organizację zasobów stałych i zmiennych, etap ten jest określany jako nieracjonalny.

W etapie III zmniejsza się wydajność techniczna stałych czynników wejściowych (TPP) i zmiennych, (APP). Ponadto dodatkowa produktywność zmiennych czynników produkcji (MPP) staje się na tym etapie ujemna; dlatego też żaden racjonalny rolnik nie powinien tu działać, gdyż przyniesie mu to ogromne straty w postaci dodatkowych kosztów zmiennych czynników produkcji i zmniejszenia całkowitych plonów. Patrząc na tabelę 1, można zauważyć, że maksymalna produkcja jest osiągana przy [7] jednostce pracy, a dalszy wzrost zmniejsza całkowitą produkcję. Po zmniejszeniu pracy z 10 do 7 jednostek, produkcja została zwiększona. Wykorzystanie [siódmej] jednostki pracy nie tylko kosztuje rolnika, ale także dodatkowe zyski w postaci produkcji globalnej są również zerowe. Ta sytuacja jest w rzeczywistości nazywana bezpłatną dyspozycyjnością wejścia. Wykorzystanie 8. jednostki pracy nie tylko kosztuje rolnika, ale także przynosi mu straty, w postaci zmniejszenia produkcji. Sytuacja ta jest uważana za słabą dyspozycyjność produkcji. Ponownie, ponieważ etap III daje możliwość zorganizowania stałych i zmiennych zasobów, nazywa się go etapem irracjonalnym.

Na etapie II ustanawia się punkt optimum, w wykorzystaniu zasobów lub w produkcji plonów. Na tym etapie efektywność techniczna zmiennego wkładu i wkładu stałego jest maksymalna. Na tym etapie znajduje się punkt optymalny i do zlokalizowania punktów optymalnych potrzebne są wskaźniki wyboru. Wskaźnikami wyboru są wskaźniki cenowe, czyli cena za jednostkę zasobów, jak również cena za jednostkę produkcji. Kiedy ceny są nieznane, można dokonać pewnych uogólnień dotyczących wykorzystania stałych i zmiennych nakładów. Przy założeniu, że stałe nakłady są nieograniczone ilościowo, a zmienne zasoby są rzadkie, celem producenta jest osiągnięcie maksymalnej produkcji na jednostkę rzadkich zasobów, którą w tym przypadku jest siła robocza. Można to jednak osiągnąć, gdy efektywność techniczna zmiennych nakładów (średnia wydajność) jest maksymalna i jest ona obserwowana na początku etapu II. Warto zauważyć, że gdy zmienne środki produkcji są nieograniczone, a stałe środki produkcji są rzadkie, celem rolnika ponownie jest maksymalne wykorzystanie fizycznej produkcji na jednostkę rzadkich środków produkcji, tj. stałych środków produkcji. Można to jednak osiągnąć, gdy efektywność techniczna zasobów stałych (TPP) osiągnie maksimum, które jest punktem przeciążenia i znajduje się w punkcie, w którym kończy się etap II. W rzeczywistości, ponieważ na tym etapie nie ma możliwości połączenia zasobów stałych i zmiennych, jest on uważany za etap optymalny lub racjonalny (Reddy el al, 2009).

Podsumowując, funkcja produkcji pokazuje regularny związek pomiędzy różnymi poziomami zmiennych nakładów stosowanych w procesie produkcji wraz z wynikającymi z nich poziomami produkcji. Rolnik jest faktycznie zainteresowany znajomością poziomu wykorzystanych środków produkcji, jak również poziomu produkcji, przy którym zyski są maksymalne.

ROZDZIAŁ SIX

BADANIA EMPIRYCZNE NAD EFEKTYWNOŚCIĄ TECHNICZNĄ

W przeszłości przeprowadzono badania dotyczące wydajności zasobów wykorzystywanych w hodowli ryb i innej produkcji rolnej i wszystkie potwierdziły, że wykorzystywane zasoby są stosunkowo znaczące.

Ogunmefun i Achike (2018), badali efektywność techniczną produkcji ryb stawowych w stanie Lagos w Nigerii. Celem badania było zbadanie wpływu charakterystyki społeczno-ekonomicznej na efektywność techniczną hodowców ryb w stanie Nigeria. W badaniu zastosowano wieloetapową technikę pobierania próbek. Pierwszym etapem był celowy wybór czterech wydziałów administracyjnych z pięciu w stanie, a mianowicie wydział Epe Badagry, Ikeja i Lagos, w oparciu o przewagę hodowców ryb w tych miejscowościach. W drugim etapie celowo wybrano po dwa Obszary Samorządu Terytorialnego, każdy z powyższych czterech Wydziałów Administracyjnych państwa, a mianowicie Eti-Osa, Wyspa Lagos, Alimosho, Kosofe, Ojo, Epe Ibeju-Lekki i Amuwo-Odofin. W trzecim etapie, z każdego z ośmiu LGA wybrano losowo trzy społeczności. Czwarty i ostatni etap obejmuje losowy wybór pięciu hodowców ryb z każdej z dwudziestu czterech społeczności, co daje łącznie 120 respondentów objętych próbą. W badaniu przyjęto projekt ankiety i wykorzystano głównie dane pierwotne zebrane za pomocą ustrukturyzowanego, zamkniętego kwestionariusza. Zebrane dane były analizowane przy użyciu Stochastic Frontier Analysis (SFA). Wyniki wykazały, że średnia produkcja ryb na cykl produkcyjny na badanych obszarach wynosiła 14 000 kg, podczas gdy średnia wielkość gospodarstwa wynosiła 1,97 ha na hodowcę ryb. Wynik ten wykazał ponadto, że sześć czynników, a mianowicie pasza, wielkość gospodarstwa, nawóz, praca, wydajność hodowlana oraz wartość amortyzacji o współczynnikach odpowiednio 0,03, 0,02, 0,04, 0,28, 0,40 i 0,20 miało istotny (p<0,05) wpływ na wydajność ryb. Poza wielkością gospodarstwa i paszą, wszystkie zmienne analizowanej produkcji były dodatnie. Wynik ten wskazuje również, że rolnicy są wydajni technicznie, a ich średnia wydajność szacowana jest na 0,88 (=88%). Zalecili oni, aby hodowcy ryb byli świadomi znaczenia procesu łańcucha wartości w ich przedsiębiorstwie i przeszkoleni jako tacy. Ponadto zalecili oni, aby hodowcy ryb podawali do wiadomości publicznej informacje rynkowe i informacje o rynku, na którym ryby i produkty rybne mogą być sprzedawane po korzystnych cenach. W rzeczywistości środki te przyczynią się do zapewnienia rolnikom bezpieczeństwa żywnościowego, a także przyniosą zyski w sektorze hodowli ryb.

W swoim studium na temat wydajności Analiza Rzemieślniczej Produkcji Rybnej w stanie Edo w Nigerii, Esobhawan (2007), zauważył, że alokacja i wykorzystanie każdego kosztu stałego, wiek rybaka - ludzi, odległość połowów i koszty marketingowe były w fazie (II) lub funkcji produkcji lub dodatni malejący zwrot do czynnika, który jest racjonalną strefą produkcji zgodnie z teorią ekonomiczną. Pozostałe trzy zmienne, a mianowicie: praca rodzinna, praca najemna i koszty operacyjne, miały wartość ujemną, co oznacza, że miały one ujemny wkład w całkowitą produkcję, co wskazuje, że czynniki te lub środki produkcji wykorzystują przydzielone i wykorzystane w etapie (III) funkcji produkcji, a tym samym nad zatrudnieniem tych czynników. Wynik ten wymaga racjonalnego wykorzystania zasobów w celu osiągnięcia maksymalnych zysków z sieci w tradycyjnym łodziowym rybołówstwie przybrzeżnym.

Misra i Misra (2014), przeprowadziły badania dotyczące technicznej wydajności farm rybnych w Zachodnim Bengalu, a także ich charakteru, zakresu i skutków. Celem badania było zbadanie, czy istnieje systematyczna różnica w efektywności technicznej (TE) gospodarstw rybnych, które zostały podzielone na różne klasy wielkości i sklasyfikowane w różnych warunkach społeczno-ekonomicznych. W badaniu zastosowano modele meta-granicowej analizy kopert danych (DEA) do obliczenia funkcji produkcji granicznej zestawu jednostek decyzyjnych (DMU). Ponadto ocenia względną sprawność techniczną każdej jednostki, co następnie pozwala na rozróżnienie między wydajnymi i nieefektywnymi jednostkami DMU. W badaniu stwierdzono, że mimo stałego wzrostu działalności gospodarczej na badanym obszarze, potencjał wzrostu jest jednak nadal daleki od wyczerpania. W badaniach zaobserwowano duże zróżnicowanie poziomu punktacji efektywności technicznej wśród badanych gospodarstw rybnych. Stwierdzono, że ponad 60% badanych gospodarstw działa poniżej średniego poziomu wydajności technicznej, co może wynikać ze złego zarządzania mieszanką środków produkcji. W związku z tym zalecili oni, aby w celu znacznego zwiększenia produkcji skuteczniej wykorzystywać środki produkcji i technologię poprzez zwiększenie udziału w usługach upowszechniania wiedzy o środowisku i zachęcenie rolników do zwiększenia wydajności produkcji. Ponadto hodowcy ryb mogą być w równym stopniu motywowani poprzez proces adopcji. Zalecono również, aby w związku z tym, że różnice w wynikach efektywności technicznej na poziomie regionalnym są szeroko rozpowszechnione, strategie rozwoju były w większym stopniu ukierunkowane na lokalizację lub społeczność, a tym samym uwzględniały różne potencjały rozwojowe i ograniczenia każdej społeczności lub obszaru.

Ojo et al (2006), w swoim opracowaniu na temat wydajności i efektywności technicznej produkcji rolnej w stanie Ondo w Nigerii, zauważyli, że istnieje wydajne wykorzystanie środków produkcji, ale z rosnącym zwrotem do skali, a zatem rybacy wykorzystują funkcjonującą w fazie (1) funkcji produkcji. Oznacza to, że rozszerzenie skali produkcji rybnej w rolnictwie zwiększyłoby krajową produkcję ryb z rolnictwa, gdyby wyeliminowano ograniczenia wydajności produkcji rybnej.

Alawode i Jinad (2014), przeprowadzili ocenę technicznej wydajności produkcji sumów w stanie Oyo w Nigerii, wykorzystując studium przypadku metropolii Ibadan. W badaniu wykorzystano dane pierwotne, które zostały zebrane przy użyciu kwestionariusza strukturalnego. Hodowcy sumów używani jako respondenci byli wybierani za pomocą prostego losowania metodą głosowania. W rzeczywistości rozdano dwieście egzemplarzy kwestionariusza, a gdy je pobrano, tylko osiemdziesiąt trzy z nich miały kompletne zestawy danych, które zostały ostatecznie wykorzystane do analizy. Współczynniki efektywności technicznej i nieefektywności hodowców sumów zostały określone za pomocą funkcji translacyjnej produkcji stochastycznej na granicy. Wyniki socjoekonomiczne wykazały, że większość hodowców sumów to samce, posiadające wyższe wykształcenie i będące w związku małżeńskim o średniej wielkości gospodarstwa domowego wynoszącej 4 osoby. Wynik pokazał również, że wielkość oczka wodnego i nakłady na paszę miały negatywny związek z produkcją rolniczą, podczas gdy pisklęta miały pozytywny związek z produkcją. Wiąże się to z tym, że zwiększenie ilości palczaków zarybianych w stawach rybnych zwiększy wydajność sumów. Wynik ten ujawnił ponadto, że 65% hodowców sumów miało 60% lub mniej wydajności technicznej. Czynniki takie jak dostęp do edukacji i kredytów, system hodowli stosowany w hodowli ryb, wielkość gospodarstwa domowego, a także doświadczenie w hodowli sumów przyczyniły się pozytywnie i znacząco do technicznej efektywności hodowców sumów na badanym obszarze. Wykazano również, że średnia efektywność kosztowa była niska, ponieważ większość rolników miała 60 % lub mniej punktów efektywności kosztowej. Świadczy to o tym, że rolnicy w tej miejscowości odnotowywali znaczne straty na zysku netto. W związku z tym zalecili oni, aby rząd szkolił świeżo upieczonych absolwentów szkółek w celu zachęcenia ich do większego uczestnictwa w sektorze hodowli ryb. Ponadto zalecili oni zwiększenie liczby wizyt na farmach rybnych w celu poprawy doświadczenia hodowców sumów, a także zwiększenia ich wydajności.

Begum, Nastis i Papanagiotou (2016), przeprowadziły badania nad determinantami efektywności technicznej hodowli krewetek słodkowodnych w południowo-zachodnim Bangladeszu. Celem pracy było oszacowanie czynników efektywności technicznej, jak również wkładu każdego z nich w nieefektywność hodowli krewetek na badanym obszarze. Opierały się one na danych przekrojowych dotyczących poziomu gospodarstw rolnych za rok 2011. Wykorzystane dane pierwotne zostały zebrane od 90 rolników z trzech wiosek wybranych w południowo-zachodnim Bangladeszu, za pomocą losowego doboru próby. Zebrane dane analizowano za pomocą funkcji translacji stochastycznej produkcji w celu zbadania czynników efektywności technicznej. Wyniki badań wykazały, że hodowla krewetek w regionie wykazuje dużą zmienność w wydajności technicznej, która waha się od 9,50 do 99,94% i średnią wydajność techniczną na poziomie 65%. Oznacza to, że znaczne 35% potencjału produkcyjnego hodowli krewetek może zostać odzyskane po usunięciu technicznej nieefektywności. W rzeczywistości zysk ten mógłby przyczynić się do zwiększenia dochodów, jak również zapewnić lepsze warunki życia hodowcom krewetek, zauważając, że kraj ten nie jest obdarzony obfitą ziemią. Specyfikacja funkcji produkcji, wykorzystująca translog, pokazuje, że rolnicy mogliby poprawić swoją wydajność poprzez zapewnienie im większego wkładu w produkcję większej ilości produktów. Wyniki pokazały ponadto, że dochody pozarolnicze i edukacja rolników są czynnikami, które znacznie poprawiają wydajność, podczas gdy zaangażowanie w stowarzyszenia gospodarstw rybnych, szkolenia rolników i odległość gospodarstwa od kanału wodnego zmniejsza wydajność. W badaniu zalecono wprowadzenie takich strategii, jak mniejsze zaangażowanie w stowarzyszenia związane z gospodarstwem rolnym, a także poprawę skuteczności zaplecza szkoleniowego dla hodowców krewetek, jako korzystnego dostosowania w celu zmniejszenia ich nieefektywności. Ponadto należy znacznie zwiększyć inwestycje w szkolnictwo podstawowe, ponieważ znacznie poprawiłoby to jego efektywność techniczną.

Phiri i Yuan (2018 r.), zbadały efektywność techniczną produkcji Tilapii w Malawi i Chinach, stosując Stochastic Frontier Production Approach. Celem badań było oszacowanie poziomu efektywności technicznej gospodarstw typu tilapia oraz ocena determinant efektywności gospodarstw. W ramach gromadzenia danych dla Malawi, badanie objęło 20 małych, półhandlowych hodowców ryb, którzy znajdowali się w trzech regionach kraju. Przeprowadzono z nimi wywiady w okresie od grudnia 2016 r. do lutego 2017 r. za pomocą kwestionariusza strukturalnego. W przypadku Chin wykorzystano dane wtórne, które zostały zebrane w 2014 r. z prowincji Guangxi. Stochastyczna funkcja produkcji przygranicznej została zastosowana do analizy punktów efektywności technicznej i wyznaczników nieefektywności dla 20 gospodarstw typu tilapia w Chinach i Malawi. Model Cobba-Douglasa zastosowany w badaniu ujawnił, że rolnicy z tilapii w Chinach są bardziej wydajni technicznie niż rolnicy z Malawi, ze średnimi wskaźnikami wydajności wynoszącymi odpowiednio 91% i 47%. Dla gospodarstw malawijskich wszystkie determinanty nieefektywności były pozytywne z wyjątkiem doświadczenia, choć żaden ze współczynników nie był istotny. Z drugiej strony, w przypadku chińskich gospodarstw rolnych, wykształcenie, wiek (znaczny) i wielkość gospodarstwa domowego wykazywały negatywne oznaki poza doświadczeniem. Stwierdzili oni, że skoro rolnicy malawijscy mają możliwość zwiększenia plonów z hektara z obecnej średniej wynoszącej 4152,60 kg do 8714,80 kg, należy wprowadzić innowacje technologiczne w celu znacznego zmniejszenia obecnej 53%

różnicy w plonach. Można to osiągnąć poprzez wprowadzenie lub rozwój nowych szczepów Tilapii o najwyższej jakości, stosowanie całkowicie męskich tilapii, a także poprawę zarówno technologii uprawy, jak i pielęgnowania.
W przypadku gospodarstw chińskich doszły one do wniosku, że istniejąca różnica w wielkości plonów wynosząca 9 % może zostać jeszcze bardziej zmniejszona poprzez wprowadzenie usprawnień w zakresie efektywnego wykorzystania zasobów paszowych.

Bhuyan, Krishnan i Kashyap (2013), zbadały efektywność techniczną różnych praktyk hodowli ryb w Assam. Opracowanie dotyczyło efektywności praktyk hodowlanych stosowanych przez hodowców ryb w strefie środkowej doliny Brahmaputry (CBV), Assam, a także różnych form złożonych modeli hodowli ryb działających w tej strefie. Badanie zostało przeprowadzone z wykorzystaniem danych pierwotnych zebranych w okresie od października 2010 r. do marca 2011 r. w (CBV). Z okręgu Nagaon, tj. Batadrawy, Kaliaboru, Raha, Nilbaganu, Rupohee i Zurii, wybrano sześć (6) obszarów hodowli ryb, natomiast z okręgu Morigaon, tj. Baropuzia, Chabukdhara, Okarabori i Habi-borongabari, wybrano cztery (4) obszary hodowli ryb, w sumie 10 obszarów. Następnie z każdej kieszeni wybrano piętnastu hodowców ryb, co daje łączną liczbę hodowców ryb, z których skorzystano jako respondentów, na sto pięćdziesiąt. Zostały one następnie pogrupowane w trzy kategorie odpowiednio: grupy marginalne (0,4 ha), małe (0,4 i 1 ha) i duże (ponad 1 ha) na powierzchni rozrzucania wody. Zebrane dane zostały przeanalizowane przy użyciu wielokrotnej regresji liniowej w celu określenia technicznej zależności pomiędzy wejściem a wyjściem, istniejącej pomiędzy różnymi praktykami hodowli ryb w strefie. Badania wykazały, że w regionie praktykowane są trzy modele złożonego systemu hodowli ryb: zarybianie pojedyncze (SSSH), zarybianie wielokrotne (SSMH) oraz zarybianie wielokrotne (MSMH). Badania wykazały ponadto, że nawożenie i praca są pozytywnymi istotnymi czynnikami wpływającymi na hodowlę ryb w tej strefie. Badanie wykazało również, że gdy hodowcy są klasyfikowani jako marginalni, mali i duzi, wydajność techniczna produkcji rybnej waha się od 35,9% do 95,2%, podczas gdy w przypadku pogrupowania według systemów hodowli wydajność techniczna wynosi od 40,3% do 76,8%. Stwierdzili oni, że efektywna alokacja nawozów i pracy zwiększy wydajność w przypadku różnych systemów upraw.

Inedia, (2009), przeprowadziła analizę wydajności i rentowności produkcji ryżu w stanie Edo w Nigerii i wykazała, że elastyczność reakcji na produkcję ryżu w stanie Edo wynosiła 2,42, co wskazywało, że rolnicy uprawiający ryż wykorzystują produkcję na etapie (1), a zatem nieefektywną. Jest to nieracjonalny etap produkcji, ponieważ nakłady na zasoby stałe nie były optymalnie wykorzystywane. Model alokacyjny wykazał, że siła robocza rodzin rolniczych i nasiona ryżu były niedostatecznie wykorzystywane, a praca najemna i agrochemiczna była nadmiernie wykorzystywana w produkcji ryżu w Edo - State.

ROZDZIAŁ SEVEN

ANALIZA EFEKTYWNOŚCI TECHNICZNEJ W HODOWLI SUMÓW (STUDIUM PRZYPADKU EDO STATE, NIGERIA)

Streszczenie

W badaniu tym zbadano wydajność techniczną (TE) hodowli sumów w stanie Edo w Nigerii. Wieloetapową techniką doboru próby wybrano 180 respondentów, od których zebrano dane za pomocą dobrze skonstruowanego kwestionariusza i harmonogramów wywiadów. Zostały one przeanalizowane przy użyciu zarówno statystyki opisowej, jak i funkcji produkcji stochastycznej na granicy. Wynik pokazał, że TE rolników wahała się od 0,46 do 0,99, przy średniej 0,95, przy której działało 77% z nich. Wydajność była istotnie (p<wpływ na nią pozytywnie wpływało obsada zwierząt, a negatywnie - wiek rolników, poziom wykształcenia, a także słaby dostęp do usług upowszechniania wiedzy. Poważne ograniczenia, które wpłynęły na optymalną produkcję, obejmują wysokie koszty paszy, ograniczony kapitał, słabe zasilanie, wysokie koszty budowy stawu, usuwanie ścieków, wzrost cen ryb tworzonych przez pośredników i nieodpowiednie zaopatrzenie w wodę. Określenie efektywności wykorzystania zasobów ujawniło, że wielkość oczek wodnych, paznokcie, pasze i koszty stałe pozycji były niedostatecznie wykorzystane, a koszty pracy i koszty operacyjne były nadmiernie wykorzystane. Dostęp hodowców do odpowiednich usług w zakresie upowszechniania wiedzy specjalistycznej oraz realizacja polityki mającej na celu usunięcie wykrytych ograniczeń przyczyniłyby się do zwiększenia wydajności hodowli ryb w państwie.

Słowa kluczowe: *Wydajność techniczna, Hodowla ryb, Staw, Wykorzystanie zasobów, Państwo Edo*

WPROWADZENIE

Szybki wzrost populacji Nigerii na przestrzeni lat doprowadził do ogromnego wzrostu zapotrzebowania na białko zwierzęce, które w dużej mierze jest zasadniczo wyższej jakości niż białko roślinne, ponieważ zawiera wszystkie niezbędne aminokwasy potrzebne do wzrostu i rozmnażania. Z przykrością należy jednak zauważyć, że kraj ten nie ma wystarczającego dostępu do ilości i asortymentu żywności, aby móc prowadzić energiczne i produktywne życie, ponieważ nie wykorzystał w pełni swojego potencjału rolniczego z powodu kilku ograniczeń, w tym nieskuteczności technicznej. Tak więc średnie spożycie białka w Nigerii, które wynosi około 19,38 g/kaput/dzień, jest dość niskie, a także znacznie niższe niż zapotrzebowanie Organizacji Narodów Zjednoczonych ds. Wyżywienia i Rolnictwa (UNFAO), wynoszące 75 g/kaput/dzień. Produkcja ryb jest bez wątpienia ekonomicznie opłacalna, a Nigeria dysponuje zasobami umożliwiającymi produkcję do 5 mln ton metrycznych rocznie (Zayyard, 2008).

W rzeczywistości całkowita krajowa produkcja ryb w Nigerii wahała się od 562 972 do 524 700 ton metrycznych w latach 1983-2003. W tym samym okresie wydajność hodowli ryb wynosiła tylko 20 476 do 52 000 ton metrycznych. Potwierdza to, że większość produkcji rybnej w kraju pochodzi w rzeczywistości z połowów rzemieślniczych, podczas gdy hodowla ryb stanowiła jedynie od 3,64 do 9,92% całkowitej ilości ryb krajowych (Ogunmefun i Achike, 2018). Produkcja rybna w Nigerii stanowi 3,5% produktu krajowego brutto (PKB) kraju. Stanowi on zaledwie 0,2% całkowitej produkcji rybnej na świecie i zapewnia ponad 6 milionów ludzi bezpośrednio i pośrednio zatrudnienie. Jednakże produkcja rybna w Nigerii może znacząco przyczynić się do stworzenia ponad 30 000 miejsc pracy, a także wygenerować znaczne przychody w wysokości 160 mln USD rocznie. To bez wątpienia może w znacznym stopniu przekształcić sektor rolny i pobudzić gospodarkę całego kraju [Federalne Ministerstwo Rolnictwa i Rozwoju Wsi (FMARD), 2013].

Aż 50% zapotrzebowania na ryby w Nigerii jest obecnie zaspokajane przez lokalną podaż, a 85% krajowej produkcji rybnej, wynoszącej około 500 000 ton metrycznych, pochodzi z połowów rzemieślniczych. Zapotrzebowanie na ryby w kraju rocznie wynosiło około 2,66 mln ton metrycznych, podczas gdy roczna produkcja krajowa wynosiła około 0,78 mln ton metrycznych, co daje lukę w popycie i podaży na poziomie około 1,8 mln ton metrycznych [Federalny Urząd Statystyczny, (FBS), 2011]. Ze smutkiem należy jednak zauważyć, że podaż ryb spada w wyniku konsekwentnego zmniejszania się głównego źródła ryb w kraju (Ugwumba i Chukwuji, 2010). Sytuacja ta spowodowała konieczność importu 680 000 ton metrycznych rocznie w celu wypełnienia luki, wynoszącej około N50 mld w wymianie zagranicznej (Odukwe, 2007). Ten wysoki poziom importu sprawił, że Nigeria została uznana za największego importera mrożonych ryb na świecie, z roczną wymianą walutową w wysokości 50 mld N rocznie [Dauda, 2010 i Central Bank of Nigeria, (CBN) 2012]. Uczyniło to koniecznym zwiększenie potencjału hodowli sumów w celu wypełnienia luki pomiędzy popytem a podażą ryb w kraju.

Państwo Edo jest bogato obdarzone obfitymi zbiornikami wód śródlądowych, równinami zalewowymi i mokradłami, które są bardzo wydajne i idealne dla rozwoju rzemieślniczego rybołówstwa i akwakultury (Edo State Economic Empowerment and Development Strategy (Edo SEEDS), 2005). Podczas gdy rybołówstwo rzemieślnicze (produkcja ryb z jezior słodkowodnych, zapór i zbiorników) jest w dużej mierze słabo rozwinięte, inwestycje w hodowlę sumów wzrosły ostatnio, ale produkcja i zatrudnienie były skromne. Celem Edo SEEDS jest wypełnienie tej luki, między innymi poprzez realizację innych polityk, ze szczególnym naciskiem zarówno na poprawę wydajności, jak i dobrobytu społeczno-gospodarczego hodowców ryb. Aby to osiągnąć, konieczne jest zrozumienie efektywności wykorzystania zasobów oraz ograniczeń, które stoją na przeszkodzie takim przedsięwzięciom w państwie. Dlatego też badanie to zostało opracowane w celu zbadania technicznej wydajności produkcji sumów w stanie Edo. Cele są następujące: (i) oszacować wydajność techniczną hodowli sumów, (ii) określić zasoby, które wpływają na wydajność przedsiębiorstwa (iii) określić ograniczenia w produkcji sumów oraz (iv) określić wydajność wykorzystania zasobów w produkcji sumów.

METODOLOGIA

Obszar badań

Badanie to zostało przeprowadzone w stanie Edo, w Nigerii. Państwo, którego ludność wynosi 3 218 332 osoby (Krajowa Komisja Ludnościowa (NPC, 2006) zajmuje powierzchnię 19 281,93 km2 i leży mniej więcej pomiędzy szerokościami geograficznymi 05O44'N i 07O34'N a szerokościami geograficznymi 05O4'E i 06O45'E. Region tropikalny, który zazwyczaj doświadcza średniej temperatury 25OC, charakteryzuje się dwiema odrębnymi porami roku: wilgotną (kwiecień - październik) i suchą (listopad - kwiecień) ze średnimi opadami w zakresie 1500 - 2500 mm.

Technika pobierania próbek i gromadzenia danych

Do selekcji hodowców sumów na tym obszarze zastosowano wieloetapową technikę pobierania próbek. Pierwszy etap obejmował wybór sześciu (6) Obszarów Samorządowych (LGA), a mianowicie Egor, Esan Central, Etsako East, Ikpoba-Okha, Oredo i Uhunmwode, z trzech (3) senatorskich okręgów, które tworzą państwo w oparciu o ich duże zaangażowanie w hodowlę sumów. Dane uzyskano z Federalnego Biura Statystycznego (FBS), Ministerstwa Rolnictwa i Zasobów Naturalnych Stanu Edo (ESMANR), Programu Rozwoju Rolnictwa (ADP) oraz Federalnego Departamentu Rybołówstwa (FDF). Drugim etapem był losowy wybór trzech społeczności z każdej z 6 LGA, a mianowicie: Aduwawa,

Aduhanhan, Agenebode, Ekosodin, Eyean, Idogbo, Ikhimwinri, Igieduma, Irrua, Oguola, Okhoro, Oko, Ugbor, Ugbowo, Ugonoba, Urora, Uselu i Uteh; łącznie 18 społeczności. Ostatni etap polegał na losowym wyborze dziesięciu hodowców sumów z każdej ze społeczności, co dało całkowitą liczbę respondentów na poziomie 180. Wreszcie, dane pierwotne zostały zebrane przy użyciu kwestionariusza strukturalnego wspomaganego harmonogramem wywiadu dla tych, którzy nie potrafili czytać lub pisać, a te zostały przeanalizowane przy użyciu statystyk opisowych (liczba częstotliwości, wartości procentowe, średnie i odchylenie standardowe oraz statystyki infekcyjne) oraz statystyk infekcyjnych, które wykorzystywały technikę oszacowania maksymalnego prawdopodobieństwa (MLE) funkcji produkcji stochastycznej na granicy.

Analiza danych

Ogólny model: Działalność produkcyjną hodowców sumów na sześciu wybranych obszarach LGA oszacowano za pomocą funkcji Stochastic Frontier Production określonej w formie funkcjonalnej:

InY = B0 =B1InX1 + B2InX2 + B3InX3 + B4InX4 + B5InX5 + B6InX6 + Vi-Ui

Gdzie: Yi = produkcja sumów przez i-tego hodowcę ryb (kg) na wielkość stawu.

X1 = Wartość palczaków (N) na wielkość stawu.

X2 = Wynajęta siła robocza (mandarynki) na wielkość stawu

X3 = Praca rodzinna (mandajki) na wielkość stawu

X4 = Ilość paszy (kg) na wielkość stawu.

X5 = Roczny koszt materiałów (N) na wielkość oczka wodnego

X6 = Koszt eksploatacji (N) na wielkość oczka wodnego

B1 = nieznane parametry, które należy oszacować

Vi = Składowa losowa terminu błędu

Ui = Efekt nieefektywności technicznej

Model nieefektywnościowy: Zostało to wykorzystane do określenia udziału zmiennych społeczno-gospodarczych w obserwowanym braku wydajności technicznej (TI) hodowców ryb. Model nieefektywności został oszacowany wspólnie z modelem ogólnym, przy użyciu oprogramowania statystycznego, FRONTIER wersja 4.1c. Zazwyczaj model TI składa się ze zmiennych wektorowych (z), które będą hipotetycznie wpływać na TE hodowców ryb, które zostały określone jako:-

Ui = δ0+ δ1Z1+ δ2 Z2+ δ3 Z3+ δ4 Z4

Gdzie:

Ui = Efekt nieefektywności technicznej

δ0= termin stały.

Z1= Poziom wykształcenia respondentów (lata nauki szkolnej)

Z2= Doświadczenie hodowców ryb (lata w hodowli ryb)

Z3=Dostęp do środków rozszerzających (zmienna domyślna, przy 1=Dostęp, 0=brak dostępu)

Z4= Dostęp do udogodnień kredytowych (fikcyjna zmienna, z 1= Dostęp, 0= Brak dostępu

Test uogólnionego współczynnika prawdopodobieństwa

Jest to określone przez statystykę testową podaną jako: C = -2 W {L ($_{Ho}$) - L ($_{Ha}$)}

Gdzie:

L ($_{Ho}$) = hipoteza zerowa, tzn. brak efektów TI w produkcji ryb.

L ($_{Ha}$) = istnieje hipoteza alternatywna, tj. efekty TI.

Testy uogólnionego współczynnika prawdopodobieństwa na obecność efektu nieefektywności w modelu granicznym. Ho jest akceptowany, gdy obliczony jest mniejszy niż (<) tabelaryczny chi-kwadrat na poziomie 5% prawdopodobieństwa lub Ha jest akceptowany w inny sposób.

Średnia z 3-punktowej skali Likerta (Osuala, 1993) została użyta do określenia powagi ograniczeń dotykających hodowców ryb. Ograniczenia zostały ocenione w następujący sposób: Bardzo poważne = 3, Poważne ograniczenia = 2, Nie poważne = 1.

Średni wynik ≥ 2 stanowił punkt odniesienia dla oceny d; obserwowany za pomocą wzoru:

$$\overline{X} = \frac{\Sigma Xi}{N}$$

Gdzie:-

i = 1, 2, 3...180.

∑ = Notacja podsumowująca.

X= Przypisana wartość ograniczenia (bardzo poważna= 3, poważna = 2, nie poważna = 1)

N = liczba wystąpień (tzn. N=180)

Efektywne wykorzystanie zasobów

Analizę wydajności wartości krańcowej (MVP) wykorzystano do określenia efektywności wykorzystania zasobów (r) za pomocą równania:

r = MVP/Pxi;

Gdzie xi = średnia wartość wejść.

WYNIKI I DYSKUSJA

Rozkład respondentów według cech społeczno-ekonomicznych (tabela 2) wykazał, że duża część (87,8%) hodowców ryb na badanym obszarze ma 40 lat i więcej. Wynik ten jest zgodny z wynikami Agbamu i Fubusoro (2001) oraz Ajayi i Allagenyi (2001), które stwierdziły, że starzejąca się część populacji jest bardziej zaangażowana w rolnictwo. Badanie to wykazało, że większość (96%) respondentów była mężatką, a mężczyźni mieli więcej (88,3%) niż kobiety (11,7%). Zebrane dane wykazały, że poziom umiejętności czytania i pisania wśród respondentów był wysoki, a wszyscy hodowcy ryb (100%) osiągnęli minimum wykształcenia podstawowego. Znaczenie edukacji w produkcji rolnej zostało udokumentowane (Onuabugu i Nnadozie, 2005; Erie, 2008). Biznes jest stosunkowo nowy w obszarze badań, ponieważ większość (52%) respondentów miała 4 lata i mniej doświadczenia. Duża część z nich (88,9%) prowadzi działalność w pełnym wymiarze godzin, podczas gdy pozostali pracują w niepełnym wymiarze godzin. Tylko kilku respondentów (34%) posiadało staw o powierzchni 401-500 ^{m2} (0,41-0,5ha), a większość z nich (66%) posiadała staw o powierzchni nawet poniżej 400 m2 (0,4ha). Dominacja małych gospodarstw rybnych na badanym obszarze pozbawiła hodowców korzyści płynących z ekonomii skali, która wiąże się z hodowlą na dużą skalę. Zauważono również, że większość respondentów (81,7%) nie miała dostępu do usług w zakresie upowszechniania informacji w badanym obszarze.

Tabela 2: Rozmieszczenie hodowców ryb ze względu na charakter społeczno-gospodarczy

Charakterystyczne	Częstotliwość:	Procent
Kategoria wiekowa		
30 -39	22	12.2
40-49	75	41.7
50-59	60	33.3
60 i więcej	23	12.8
Razem	180	100
Stan cywilny		
Pojedynczy	7	3. 9
Żonaty	173	96.1
Razem	180	100
Płeć		
Kobieta	21	11.7
Mężczyzna	159	88.3
Razem	180	100
Poziom wykształcenia		
Główny	55	30.6
Wtórne	69	38.3

Trzeciorzędny	56	31.1
Razem	180	100
Doświadczenie rolnicze (lata)		
4 i niżej	93	51.7
5 – 8	71	39.4
9 i więcej	16	8.9
Razem	180	100
Status gospodarstwa rolnego		
Full - Time	160	88.9
Część - Czas	20	11.1
Razem	180	100
Wielkość stawu (m2)		
200 i poniżej	49	27
201 – 300	52	29
301 – 400	18	10
401 – 500	61	34
Razem	180	100
Usługa rozszerzenia		
Brak dostępu	147	81.7
Mieć dostęp	33	18.3

Razem 180

100

–

Współczynniki oszacowań maksymalnego prawdopodobieństwa (MLE) funkcji produkcji stochastycznej na granicy (tabela 3) wykazały, że wszystkie zmienne zawarte w modelu są istotne i pozytywnie związane z produkcją hodowców ryb. Oznacza to, że produkcja ryb może zostać zwiększona poprzez zwiększenie rozpatrywanych zmiennych. Przykładowo, przyrost o 100 % zwiększyłby całkowitą produkcję ryb w stawie, karmę, palczaki, pozycje kosztów stałych, koszty operacyjne i robociznę odpowiednio o 52,2 %, 30,5 % 6,5 %, 6,1 %, 2,4 % i 2,2 %, w zależności od kolejności ważności. Te wszystkie zmienne wskazują, że łącznie hodowcy ryb prowadzili działalność na racjonalnym etapie (etap II) produkcji, na co wskazuje wynik w skali powrotu do skali (RTS) wynoszący 0,999. Liczba ta, będąca sumą współczynników oszacowanych zmiennych (elastyczność), która służy jako miara całkowitej produktywności, wskazuje na dodatni, malejący zwrot do skali, stąd większość produkcji hodowców ryb była optymalnie produkowana na tym etapie produkcji.

Tabela 3: Maksymalne prawdopodobieństwo wystąpienia funkcji produkcji na granicy stochastycznej

Zmienne	Elastyczność	t-ratio
Wielkość stawu	0.522*	13.564
Koszt paznokci	0.065*	2.637
Praca	0.022*	2.044
Koszty operacyjne	0.024*	3.373
Amortyzowany koszt stały	0.061*	4.702
Koszt paszy	0.305*	7.427
Powrót do skali	0.999*	

* Znaczący na 5%

Wynik TE mieścił się w przedziale od 0,459 do 0,991, przy średniej wartości 0,947 (tabela 4). Około 77% rolników było dość wydajnych powyżej tej średniej wartości. Sugeruje to, że jest miejsce na poprawę o około 5,3%. Ponad 97% i 71,11% hodowców ryb prowadziło hodowle przy wskaźniku TE wynoszącym odpowiednio 0,8 i wyższym oraz 9,5 i wyższym, co wskazuje, że większość hodowców jest dość wydajna w produkcji ryb.

Tabela 4: Rozkład częstotliwościowy wydajności technicznej w produkcji rybnej

Klasa efektywności	Liczba respondentów	Procenty
< 0.800	5	2.78
0.800 – 0.849	4	2.22
0.850 – 0.899	12	6.62
0.900 – 0.949	31	17.22
≥ 0.950	128	71.11
Razem	180	100
Maksymalnie	0.991	
Mean	0.947	
Minimum	0.459	

Maksymalne szacunki prawdopodobieństwa przedstawione są w tabeli 5. Pozytywne znaki parametru oznaczają, że związane z nim zmienne zwiększają nieefektywność, natomiast odwrotna sytuacja dotyczy znaków negatywnych. Współczynniki wieku, wykształcenia i dostępu do środków rozszerzających miały pozytywny i istotny związek z nieefektywnością techniczną (luka TE), ale przyczyniały się negatywnie do efektywności technicznej. W związku z tym, wraz ze wzrostem wieku, rolnicy są zazwyczaj mniej wydajni. Udział zmiennych wiekowych w nieefektywności technicznej odpowiadał a priori oczekiwaniom, że wraz ze starzeniem się hodowców ryb, ich TE spadnie. Ustalenie to zaprzecza jednak ustaleniom Esobhawanu (2007 r.), że wiek ten korzystnie wpłynął na efektywność techniczną. Zmienny wkład edukacji w nieefektywność techniczną zanegował *a priori* oczekiwania i stwierdzenie, że wszyscy hodowcy ryb (100%) posiadali umiejętność czytania i pisania, zdobywając wykształcenie podstawowe i wyższe. Może to jednak wynikać z braku technicznej edukacji w zakresie produkcji akwakultury. Pozytywny wpływ dostępu do rozszerzeń na nieefektywność techniczną wynikał z faktu, że większość z nich (87 %) nie miała dostępu do rozszerzeń. Doświadczenie hodowlane i stopień zarybiania pozytywnie wpłynęły na efektywność techniczną hodowców ryb. Było to zgodne z oczekiwaniami a priori, że doświadczenie biznesowe może być wskazówką dla zdobytej wiedzy praktycznej, która usprawni ich działalność biznesową. Wreszcie, pozytywny wkład obsady zwierząt w efektywność techniczną wskazał na zdolność rolników do utrzymania wymaganej obsady zwierząt, która mogłaby zwiększyć wydajność i wzrost produkcji.

Tabela 5: Maksymalne szacunki dotyczące modelu nieefektywności

Zmienne	Współczynnik	t - stosunek
Stały	3. 160*	2.948
Wiek	0.003*	0.778
Edukacja	0. 022*	1.826
Doświadczenie	-0. 086	-2.451
Dostęp do środków przedłużających	0. 051*	0.767
Stawka hodowlana	-0.002*	-2.831
Sigma kwadratowy (σ2)	0.082*	3.240
Gamma (γ)	0.935*	41.177
Funkcja dziennika prawdopodobieństwa	171.2497	

* Znaczący na 5%

The sigma squared (θ^2) co jest wskaźnikiem poprawności dopasowania było istotne statystycznie na poziomie 5% (tabela 5), wskazując na jego poprawność w odniesieniu do danych ankietowych z zastosowanym modelem oraz poprawność określonego założenia dystrybucyjnego złożonego terminu błędu. Szacowana wartość gamma (γ) (0,935) oznacza, że 93,5 % całkowitej zmienności produkcji rybnej wynika raczej z nieefektywności technicznej lub praktyk hodowców niż z przypadkowej zmienności. Tak więc hipoteza, że nie ma znaczącej zależności między produkcją ryb a czynnikiem produkcji zostaje odrzucona i że istnieją znaczące efekty nieefektywności została potwierdzona w teście współczynnika logicznego (tabela 6).

Tabela 6: Test współczynnika prawdopodobieństwa

Hipoteza zerowa	Współczynnik logiczny	Statystyka	Wartość krytyczna	Decyzja
Ho: δ1 = δ1 ...δ1 = 0	53.852	12.6		Odrzucenie Ho
Brak technicznej nieefektywności				

Poważne ograniczenia w produkcji rybnej zostały ocenione (tabela 7) zgodnie z kolejnością malejącą: wysokie koszty karmy, ograniczony kapitał, problemy elektryczne, wysokie koszty budowy stawu, usuwanie ścieków, wzrost cen ryb przez pośredników oraz niewystarczające zaopatrzenie w wodę, odpowiednio na poziomie 2,82, 2,60, 2,58, 2,46, 2,34, 2,28 i 2,18.

Tabela 7: Ocena ograniczeń produkcyjnych przez respondentów

Ograniczenia	Mean	Std. Dev.
Wysokie koszty paszy	2.82*	0.586
Ograniczony kapitał	2.60*	0.676
Problemy elektryczne	2.58*	0.731
Wysokie koszty budowy stawu	2.46*	0.637
Usuwanie ścieków	2.34*	0.654
Wzrost ceny ryb przez mężczyzn w średnim wieku	2,28*	0.777
Problem zaopatrzenia w wodę	2.18*	0.815
Produkcja, przetwarzanie i obrót	1,83*	0,697

Brak paznokci	1,51	0,681
Sprzedaż na kredyt	1,41	0,556
Dostępność gruntów	1.27	0.577
Niedobór siły roboczej	1.25	0.483
Psucie się ryb	1.22	0.455
Transport	1.12	0.426
Inni	0.16	0.505

* Znaczący na 5%. *Serious (mean > 2.0).

Efektywność ekonomiczna wykorzystania zasobów obliczona przy użyciu MVP (tabela 8) wykazała, że nie uzyskano warunków optymalizacyjnych dla produkcji ryb. Uzyskane wskaźniki były albo większe niż jedność (niepełne wykorzystanie), albo mniejsze niż jedność (nadmierne wykorzystanie). Wielkość oczka wodnego, paznokcie, stałe koszty artykułów i paszy nie były w pełni wykorzystane, a koszty robocizny i koszty operacyjne były zbyt wysokie. W związku z tym przeznaczenie większej ilości zasobów na nie w pełni wykorzystane zmienne i zmniejszenie zatrudnienia zasobów w nadmiernie wykorzystanych zmiennych zwiększy wydajność.

Tabela 8: Efektywność ekonomiczna wykorzystania zasobów w produkcji rybnej

Zmienne	EP	AP AP	MPP	Py	MVP	Pxi	MVP/Pxi
Wielkość stawu	0,522	741,216	356,915	421,05	162910,56	43894,98	3,71 > 1
Paluszki	0,065	21,366	1,389	421,05	584,84	14,85	39,38 >1
praca	0,022	6,086	0,134	421,05	56,42	1207,63	0,05 < 1
Koszty operacyjne	0,024	1,211	0,078	421,05	32,84	200,00++	0,16 <1
Koszty stałe	0,061	43,791	2,671	421,05	1124,63	200,00++	5,62 > 1
Pasza	0,305	9,796	2,988	421,05	1285,1	233,86	5,38 > 1

Op. = eksploatacyjny; EP = elastyczność produkcji; AP = produkt średni; MPP = produkt fizyczny marginalny; Py = cena produkcji jednostkowej; MVP = produkt o wartości marginalnej; xi = średnia wartość nakładów; ++: stopa procentowa w wysokości 20%.

WNIOSKI I ZALECENIA

Badanie wykazało, że większość hodowców w stanie Edo była technicznie efektywna w wykorzystywaniu zasobów do produkcji ryb, ponieważ ponad 97% z nich działało wydajnie na poziomie 80% i więcej. Średnia sprawność techniczna wynosiła 94,7%, pozostawiając tylko około 5,3% miejsca na poprawę. Tak więc odkryto, że ograniczenia takie jak wysokie koszty paszy, ograniczony kapitał, słabe zasilanie elektryczne, wysokie koszty budowy stawów i odprowadzania ścieków, wzrost cen ryb tworzonych przez pośredników i nieodpowiednie zaopatrzenie w wodę miały poważny wpływ na optymalną produkcję. Wielkość obsady zwierząt miała pozytywny wpływ na wydajność techniczną, natomiast wiek i wykształcenie rolników, a także słaby dostęp do pracowników świadczących usługi w zakresie przedłużania lokali, miały negatywny wpływ. Rząd powinien sformułować i wdrożyć odpowiednią politykę, która wyeliminowałaby te ograniczenia i zatrudniła dobrze wyszkolonych agentów ds. wydłużenia okresu użytkowania gruntów w celu kształcenia tych rolników.

REFERENCJE

Adekoya, B.B. i Miller, J.W. (2005) Fish cage culture potential in Nigeria-an overview. Kultura narodowa: *Agric Focus*. 15:10

Adekoya, R.A., Awojobi, H.A. i Taiwo, B.B.A. (2004) Wpływ częściowego zastąpienia kukurydzy pełnotłustym jądrem palmy na wydajność kur niosek. *J Agric Forest Soc Sci*. 2(2):89-94.

Adeogun, A. O., Ogunbudejo, H. K., Ayinla O. A., Oresegun, A., Oguntude, O. R., Alhaji, T. i Williams, S. B. (2007) Akwakultura miejska: postrzeganie i praktyki producentów w stanie Lagos, Nigeria; *Middle East Journal Scientific Research*. 2 (1): 21–27.

Agbamu, J.U. and Fubusoro, E. (2001) Economic analysis of rice farming in Ogun State, Nigeria and the implication for Extension services. *Rozszerzenie Dziennika Rolnego*, 5:54-66.

Agbebi, S. O. (2008) Economic Analysis of Aquaculture Development in South Western; *Nigerian Journal of Agriculture and Forestry (NJAF) 2 (1): 98-108.*

Ajayi, A. R. i Allagenyi, L. D. (2001). Czynniki organizacyjne w zrównoważonym świadczeniu usług w Nigerii: Wpływ stresu związanego z pracą na zaangażowanie organizacyjne i jakość życia rodzinnego osób przedłużających staż pracy w ramach programu rozwoju rolnictwa państwa Benue. *Journal of Agricultural Extension*, 5: 9-21.

Ajibefun, I.A. (2000) The effects of training on labour productivity and efficiency in oil palm in Ondo State, Nigeria; *Journal of Sustainable Agriculture and Environment* 2 (2): 23-29.

Akinrotimi, O. A, Onukwo, D. N., Owhoda, K. N. (2005): Ekonomiczne i ekologiczne znaczenie zintegrowanej hodowli ryb w Nigerii. African Regional Aquaculture Center, FISON 2005 PP. 112 – 117.

Alawode, O.O. and Jinad, A.O. (2014) Evaluation of Technical Efficiency of Catfish Production in Oyo State: A Case Study of Ibadan Metropolis, *Journal of Emerging Trends in Educational Research and Policy Studies (JETERAPS)* 5(2): 223-231

Anyanwu, A.C., Anyanwu, B.O. i Anyawu, V.A. (2012) Podręcznik nauk rolniczych dla szkół i uczelni: Africana-Fep. Publishers Ltd. Onitsha, Nigeria.

Aquaculture and Inland Fisheries Project AIFP, (2005) Farming Nigerian Waters Newsletter of Aquaculture and Inland Fisheries Project of the National Special Programme for Food Security in Nigeria. Biuro FAO, Abudża Nigeria, 3(4): 2 - 4.

Asala, G. (1994) Principles of Integrated Aquaculture in A. A. Olatunde, J. S. O. Ayeni i I. M. Ogunsuyi, (Eds): Proceedings of National Fisheries Workshop on Aquaculture Development, Fish Seed Production and Post Harvest Technology, NIFFRI - FACU, 206-220.

Awoyemi, T. T. i Ajiboye, A. J. (2011). Analiza opłacalności hodowli ryb wśród kobiet w stanie Osun, Nigeria. *Journal of Economics and Sustainable Development*, 2: 1-8.

Ayodele, I.A i Iregene, B.T. (2003) *Essentials of Investment in Fish Farming*, Ibadan: Hope Publications Ltd. 35.

Begum, M. E. A, Nastis, S. A. i Papanagiotou, E. (2016) Determinants of technical efficiency of freshwater prawnatch farming in Southwestern Bangladesh: Journal of Agriculture and Rural Development in the Tropics and Subtropics 117 (1) : 99-112.

Bhuyan, S., Krishnan, M. i Kashyap, D. (2013) Technical efficiency of different Fish farming practices in Assam: Indian Research Journal of Extension Education, 13 (2), 119.

Central Bank of Nigeria. (CBN), (2012) Sprawozdanie roczne i zestawienie rachunkowe, Abudża, Nigeria: 1–152.

Coelli, T., Rao, D.S. and Battese, G.E. (1998) An introduction to efficiency and productivity analysis, Kluver Academic Publishers, Norwell, MC.

Dauda, O. (2010) *Agriculture: Lagos-UNILAG Partner w zakresie produkcji rybnej.* Naród 35

Edo SEEDS, (2005) State Economic Empowerment and Development Strategy Report, June 179.

Encyklopedia Britannica (2003).

Erie, G. O. (2008). Różnice płci w wydajności produkcyjnej u rolników uprawiających rośliny spożywcze w stanie Edo w Nigerii: Praca doktorska, Uniwersytet Ambrose'a Alli, Ekpoma. 139.

Esobhawan, A. O. (2007). Analiza wydajności rzemieślniczej produkcji rybackiej w stanie Edo, Nigeria: Praca doktorska, Uniwersytet Ambrose'a Alli, Ekpoma. 143.

Fare, R. Grosskopf, S. i Lovell, C.A.K. (1985) The measurement of efficiency of production, Kluwer-Nijhoff Publishers.

Federalne Ministerstwo Rolnictwa i Rozwoju Wsi (FMARD), (2013). *Nigeryjska strategia sektorowa rozwoju obszarów wiejskich Sprawozdanie główne.*

Organizacja Żywności i Rolnictwa (FAO), (2009) Akwakultura na małą skalę w Afryce Subsaharyjskiej. Powrót *do Paradygmatu Grupy Docelowej ds. Akwakultury*. Rzym: Włochy: Rybołówstwo FAO.

Food and Fertilizer Technology Center (FFTC), (2009) Briefs about the economics of catfish and tilapia polyculture in Rwanda.

Inedia, G. (2009) Efficiency and profitability analysis of rice production in Edo State, Nigeria; Ph.D. Thesis, Department of Agricultural Economics and Extension, Ambrose Alli University, Ekpoma.

Jhingan, M.C. (2008) Teoria mikroekonomii: Vrinda Publications (P) Ltd. MayurVihar, faza - 1 Delhi.

Lawson, T.B. (1995): *Podstawy Inżynierii Akwakultury*. Chapman i Hall U.S.A. str. 1-4.

Meade, J.W. (1989): *Zarządzanie akwakulturą*. Opublikowane przez Van Nostrand
Reinhold, Nowy Jork P. 3 - 4.

Misra, J. i Misra, S.R. (2014). Technical Efficiency of Fish Farms in West Bengal as well as its nature, extent and implications, *Agricultural Economics Research Review*, 27(2): 221-232.

Krajowa Komisja Ludnościowa (NPC) 2006. Spis Powszechny Ludności Federalnej Republiki Nigerii. Raport analityczny w National Population Commission, Abudża, Nigeria.

Nigeria Bureau of Statistics, (NBS), (2011).

Odukwe, (2007) Hodowla ryb w tropikach. Podejście funkcjonalne maxiprints, Awka, Nigeria, recenzja książek.

Ogunmefun, S.O. i Achike, A. I. (2018) Wydajność techniczna produkcji ryb w stawie w stanie Lagos, Nigeria: *MOJ Food Process Technology* 6(1):104-111.

Oh, H.S. and Kim, J.B. (1980) Częściowa analiza wydajności technicznej i powrotu do skali w koreańskiej produkcji ryżu: *Journal of Rural Development*. (1):1–10.

Ojo, S.O. (1999) Investing in human capital; A veritable tool for the development of rural economy. Książka do czytania, Dzieci rolnicze i wydajność rolnictwa w XXI wieku: Zredagowane przez Stellę Williams et al.

Ojo, S.O. (2000) Czynniki wpływające na wydajność produkcji kukurydzy w stanie Ondo, Nigeria, Applied Tropical Agriculture 15 (1): 59-63.

Ojo, S.O., Fagbenro, O. A. i Fapohunda, O. O. (2006) Productivity and technical efficiency of aquaculture production in Nigeria - A Stochastic Frontier Production Function Approach. Aguakultura światowa 37 (3) 18- 23

Oladimeji, Y. U. Omokore, D. F. Abdulsalam, Z. Damisa, M.A. (2014) Structure and profitability differentials among Fishermen in Kwara

State, Nigeria. *Journal of Environmental Issues and Agriculture in Developing Countries*, 6: 2141-2731

Olayide, S.O. i Heady, E.O. (1982) *Wprowadzenie do ekonomiki rolnej.* Ibadan University Press, University of Ibadan, Nigeria.

Ologbon, O.A.C., Idowu, S.D. i Oshisanya, K.P. (2013) Rentowność i efektywność techniczna hodowli sumów na bazie betonu w rejonie Sagamu w stanie Ogun, Nigeria "Proceedings of the 27th Annual Conference of the Farm Management Association of Nigeria" Ilorin. 216–217.

Olomu, J.M. (1995) *Monogastric Animal Nutrition: Zasady i praktyka*. A Jachem Publication Nigeria; 164 - 167

Omitoyin, B.O. (2007), Wprowadzenie do hodowli ryb w Nigerii. Praca doktorska, Uniwersytet Ibadan, Nigeria.

Omoruyi, S.A., Orhue, U.X., Akerobo, A.A. i Aghimien, C.I. (2007): *Prescribed Agricultural Science* Idodo-Umeh Publishers Ltd; Benin - City, 356 - 360.

Onuabugu, G.C. i Nnadozie (2005) "Socio-Economic Factors Affecting Brioler Brooding in Obowo Local Govt. Area of Imo State "Proceedings of the 39th Annual Conference of the Agricultural Society of Nigeria" Benin City. 132–135.

Osuala, E. C. (1993) *Introduction to Research Methodology*. Africana Publishers Ltd. Ibadan. 16.

Oyin, O. (2004) *Homestead Pond Management*. Ibadan John Archers Publishers Ltd.

Phiri, F. i Yuan, X. (2018) Wydajność techniczna produkcji tilapii w Malawi i Chinach: Zastosowanie Stochastic Frontier Production Approach. Journal of Agriculture and Development: 9 (4) 4172/2155-9546.1000532

Reddy, S.S., Ram, P.R., Sastry, T.U. N. i Devi, I.B.(2009) Agricultural economics. Oxford and IBH Publishing Co. PUT Ltd.; New Delhi.

Udu, E. i Agu, G.A. (2004): *Nowa ekonomia systemowa. Szkoła średnia wyższego stopnia*
Oczywiście. Africana First Publishers Ltd. Onitsha, 121-128.

Ugwumba, C.O.A. i Chukwuji, C.O. (2010). Ekonomika produkcji sumów w stanie Anambra w Nigerii: podejście oparte na funkcji zysku. *J Agric i Soc Sci.* 6(4):105-109.

Zaayyad, R. (2008). Otwarcie rolnictwa w Nigerii w celu zaspokojenia popytu krajowego na rynku światowym. *Nigeryjskie Tribune,* 2 maja, 21.

ACRONYMS

Program Rozwoju Rolnictwa ADP

Efektywność alokacyjna AE

Projekt Aquaculture and Inland Fisheries AIFP

APP Średni produkt fizyczny

BV Wartość biologiczna

CB N Central Bank of Nigeria

CBV Środkowa Dolina Brahmaputry

Analiza koperty danych DEA

Jednostki decyzyjne DMU

ESMANR Edo Państwowe Ministerstwo Rolnictwa i Zasobów Naturalnych

Edo SEEDS Strategia wzmacniania pozycji gospodarczej i rozwoju państwa

EE Efektywność ekonomiczna

EP Elastyczność produkcji;

Federalne Biuro Statystyczne FBS

FDS Federalny Departament Rybołówstwa

Centrum Technologii Żywności i Nawozów FFTC

FMARD Federalne Ministerstwo Rolnictwa i Rozwoju Wsi

PKB Produkt krajowy brutto

LGAs Obszary samorządów lokalnych

MLE Maksymalne Prawdopodobieństwo Oszacowanie

MP P Marginalny produkt fizyczny

MSMH Wielokrotne składowanie Wielokrotne zbieranie

MVP Wartość marginalna Produktywność

NPC Krajowa Komisja Ludnościowa

RTS Powrót do skali

SFA Stochastyczna analiza granic

SSMH Wielokrotny zbiór z jednego magazynu

SSSH Zbiór jednogatunkowy Zbiór jednogatunkowy

TE Wydajność techniczna

TI Niewydolność techniczna

TPP Produkt fizyczny ogółem

Organizacja Narodów Zjednoczonych ds. Wyżywienia i Rolnictwa UNFAO

Printed by Books on Demand GmbH, Norderstedt / Germany